Alles Prozess?!

Wir haben dieses Buch sorgfältig und nach bestem Wissen zusammengestellt und hoffen, dass es allen Lesern von Nutzen sein wird. Dennoch sind Fehler nicht ausgeschlossen und Verbesserungen sicherlich möglich. Für Mitteilungen und Anregungen sind wir stets dankbar. Übermitteln Sie uns Ihre Kommentare bitte unter info@gappbridging.com. Danke!

Markus und Caroline Gappmaier

Das Einführungsbuch zur bewährten Methode

Alles Prozess?!

Einfach wirksame Prozessoptimierung in jeder Situation mit der

Bildkartenmethode (BKM)™

Dr. Markus und Caroline Gappmaier, BS

GappBridging International

Bibliografische Information der Deutschen Nationalbibliothek
Die Deutsche Nationalbibliothek verzeichnet diese Publikation in der Deutschen Nationalbibliografie; detaillierte bibliografische Daten sind im Internet über http://dnb.d-nb.de abrufbar.

Umschlaggestaltung, Layout und Lektorat:
Dr. Peter Wöllauer in Zusammenarbeit mit den Autoren

Umschlagbild: © 2010 Johnco AG, Schweiz
Foto der Autoren: © 2010 Peter Lauener
Zeichnungen: © 2010 Hans-Jürgen Frank, Dialogarchitekt®

Herstellung und Verlag:
Books on Demand GmbH, Norderstedt

ISBN 978-3-8391-8392-2

Inhalt

Vorwort

Sehr geehrte Leserinnen und Leser,

Unisys hat als weltweit tätiges Unternehmen für Informationstechnologie ständig mit dem Modellieren von Prozessen zu tun. Egal ob es in unseren Projekten um die Modernisierung einer Software-Applikation, um die Einführung von neuen E-Government-Verfahren oder um die Optimierung der Abläufe in Rechenzentren geht – letztendlich steht in der einen oder anderen Form immer die Verbesserung eines Geschäftsprozesses für seine internen und externen Kunden im Zentrum.

Schon 15 Jahre lang arbeiten wir mit Dr. Markus Gappmaier, einem Sozial- und Wirtschaftswissenschaftler und Pionier ganzheitlichen Geschäftsprozess-managements, zusammen. Und seit 1997 wenden wir die von ihm entwickelte Bildkartenmethode mit großem Erfolg an. Es freut uns, dass wir durch unsere langjährige Partnerschaft mit ihm (mit dem Schwerpunkt der Ausbildung unserer BeraterInnen) auch zur Weiterentwicklung der Methode beitragen konnten. In unserem Haus hat sich die Bildkartenmethode über viele Jahre und Projekte hinweg zur zentralen Methode für Prozess-Erhebung, -Analyse und -Optimierung entwickelt. Sie hat sich dabei branchenübergreifend in der öffentlichen Verwaltung, in der Sozialversicherung, bei Finanzdienstleistungs-unternehmen und auch bei Telekommunikationsanbietern bestens bewährt. Die besondere Stärke liegt für uns darin, dass die Bildkartenmethode – obwohl sie komplexeste Prozesse darzustellen vermag – extrem intuitiv, einfach und buchstäblich „be-greifbar" anzuwenden ist und die Kooperation im Projekt, die Einbindung der FachexpertInnen und ihres Wissens in unsere Projekte optimal fördert.

Das vorliegende Buch stellt eine gut gelungene, leicht lesbare Einführung in die Bildkartenmethode dar. Wir können es jedem, der mit Prozessen zu tun hat, nur wärmstens empfehlen. Das Buch gibt einen ersten Überblick über die Methode und zeigt an einigen Beispielen ihre große Wirksamkeit auf. Allerdings wird das enorme Potential, die große Vielseitigkeit und umfassende Flexibilität der Methode in diesem Einführungsbuch nur teilweise sichtbar. Wir sind sicher, dass die Lektüre viele dazu bewegen wird, sich intensiver mit der Bildkartenmethode vertraut zu machen, um sie Nutzen stiftend in den unterschiedlichsten Anwendungsbereichen einzusetzen. Unserer Erfahrung nach ist es gewiss, dass sie von ihrer Einfachheit und Wirksamkeit begeistert sein werden.

Wir wünschen allen spannende und informative Momente beim Lesen, viel Freude beim Einsatz der Bildkartenmethode, sowie zahlreiche erfolgreiche Projekte, bei denen Geschäftsprozess und Mensch im Mittelpunkt stehen.

Mag. Stefan Hanl, *Leitung Business Process Solutions,* *Unisys Österreich GmbH*	*Mag. Johannes Buchberger,* *Mitglied der Geschäftsleitung,* *Unisys Österreich GmbH*

UNISYS

Danksagung

Dieses kleine Einführungsbuch über die Bildkartenmethode hat für uns spezielle Bedeutung. Das Leben lehrt uns immer wieder, dass aus Kleinem Großes hervorkommen kann. Auch in dieser Hinsicht hat uns die einfache „Papiermethode" BKM schon unzählige Male in Staunen versetzt. Daher ist es uns ein Anliegen, all denen zu danken, die zum Hervorkommen dieses Buches beigetragen haben.

Die Idee dafür gibt es schon lange; dank der freundschaftlichen und unermüdlichen Unterstützung von fähigen Wegbegleitern wie Hans-Jürgen Frank und Dr. Peter Wöllauer wurde sie jetzt greifbare Realität. Dabei könnten noch viele HelferInnen genannt werden, die uneigennützig zur rechten Zeit am rechten Ort waren, sodass dieses Buch entstehen konnte. (Was täten wir z.B. ohne das schöne Umschlagbild der JOHNCO AG, einer geschätzten BKM-Anwenderin?) Ihnen allen gebührt unser aufrichtiger Dank!

Und weil dieses BKM-Buch nicht ohne die ihm zugrundeliegende Methode existieren würde, wollen wir an dieser Stelle auch allen BKM-AnwenderInnen in Europa und in den USA danken, durch die dieses Buch letztlich erst zustande kommen konnte. Obwohl offensichtlich nicht alle BKM-AnwenderInnen seit 1997 genannt werden können, so dürfen doch drei Personen, die durch ihre visionären Entscheidungen für die umfassende Anwendung der BKM einen nicht überschätzbaren Beitrag zur Verbreitung und Etablierung dieser Methode geleistet haben, nicht unerwähnt bleiben, nämlich Wolfgang Schneider, Johannes Buchberger und Stefan Hanl. Vielen Dank, geschätzte BKM-Visionäre, stellvertretend für alle überaus kompetenten BKM-AnwenderInnen international!

Wiler b.U./Bern, im Dezember 2010 Markus und Caroline Gappmaier

Konzept der Bildkartenmethode

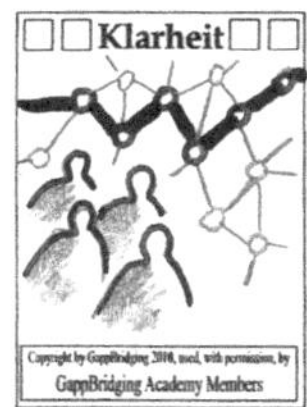

Das Brettspiel „Die Siedler von Catan“ erfreut sich seit seinem Erscheinen im Jahr 1995 größter Beliebtheit und wurde seither um viele Varianten erweitert. Was ist das Erfolgsrezept dieses Spielkonzeptes? Der Spielplan besteht aus einzelnen Teilen, die unterschiedlich zusammengestellt werden. So ist das Spiel sehr flexibel und variantenreich. Viele der Karten, deren unterschiedliche Funktion durch Symbole und Farbgebung auf einen Blick ersichtlich ist, geben Detailinformationen zu einzelnen Spielzügen und Strategiemöglichkeiten. Auf diese Weise ist der Überblick über den Spielstand (Spielplan mit Spielfiguren) mühelos möglich. Gleichzeitig sind für taktische Entscheidungen nötige Detailinformationen auf Einzelkärtchen jederzeit abrufbar. So ist ein sehr komplexes Spiel ohne große Gedächtnisleistung bewältigbar. Es kann sein, dass das Spiel so beliebt ist, weil es sehr komplexes Handeln erlaubt, ohne dabei den Spielern zu große Konzentration abzuverlangen.

Auch die GappBridging Bildkartenmethode BKM hat den Zweck, komplexe Vorgänge so abzubilden, dass sie sowohl gesamthaft als auch im Detail optisch erfassbar sind. Wenn ein Prozess buchstäblich offen auf dem Tisch liegt, bildet das eine ausgezeichnete Grundlage für Diskussionen und sowohl taktische als besonders auch strategische Entscheidungen. Jeder der am Prozess Mitarbeitenden hat ja nur mit einem Teil des jeweiligen Prozesses zu tun und ist deshalb mit vielen Details nicht so vertraut. Durch die BKM muss sich aber keiner anstrengen, komplexe Prozesszusammenhänge nicht aus den Augen zu verlieren. Sie liegen klar vor aller Augen. Die BKM ist so flexibel, dass die Detaillierung der Darstellung immer genau dem erforderlichen Zweck angepasst werden kann.

Die Bildkartenmethode verwendet verschiedenfarbige Karten (9,2 x 7,0 cm), um Prozesse aller Art strukturiert und korrekt abzubilden. Die ursprüngliche Idee entstand aus dem Bemühen, bei Naturkatastrophen die Kommunikation zwischen den Opfern und den herbeieilenden, anderssprachigen Hilfskräften zu erleichtern. Dazu wurden allgemein verständliche Bildsymbole auf Karten verwendet. Auch die ersten Bildkarten hatten ein kennzeichnendes Symbol mittels eines schwächeren Hintergrundbildes (Wasserzeichen). Inzwischen werden jedoch meist nur mehr Kartenbezeichnung (wie z.B. „Teilprozess“, „MitarbeiterIn“ etc.) und Papierfarbe als Zuordnungshilfen verwendet. Die Karten werden von allen an einem Prozess Beteiligten Schritt für Schritt mit den relevanten Informationen beschriftet und in eine den Prozess abbildende Ordnung gebracht. Abschließend werden die Karten so gekennzeichnet, dass die Lage der Karten, und damit der Prozess, jederzeit einfach und rasch nachvollziehbar ist.

Die Philosophie hinter der BKM

Die Bildkartenmethode hilft Unternehmen, von vertikalem Funktionalbereichsdenken zu einer horizontalen, Prozess orientierten Sichtweise zu gelangen. Das vertikale Funktionalbereichsdenken verbraucht wertvolle Ressourcen (z. B. weil innerhalb des Prozesses immer wieder Funktionalbereichsgrenzen „überwunden" werden müssen), die man sich bei einer horizontalen, prozessorientierten Sichtweise spart. Prozesse wie etwa die Herstellung eines Produktes oder die Abwicklung einer Reklamation abteilungsübergreifend als einen einzigen, durchgehenden Prozess zu betrachten und zu bearbeiten schont nicht nur das Budget, es verkürzt auch die Prozessdauer und steigert die Ergebnisqualität. Im heutigen Konkurrenzkampf kann das einer Firma nicht unerhebliche Wettbewerbsvorteile bringen.

Außerdem bewirkt die fachgerechte Nutzung der BKM fast wie von selbst die Erfüllung einiger bei jeder Prozessbearbeitung erfolgskritischen Bedingungen. Zwei ganz wesentliche davon sind:

1. das Ermöglichen funktionierender Kommunikation verschiedenster Fachleute und Hierarchieebenen, um hohe Ergebnisqualität zu erzielen
2. die große allgemeine Akzeptanz der beschlossenen Veränderungen bei den Umsetzenden. Idealerweise hat jeder Prozess einen Prozessverantwortlichen, der mit den notwendigen Kompetenzen und Entscheidungsvollmachten ausgestattet ist.

Um wettbewerbsfähig zu bleiben (oder zu werden) müssen Unternehmen ihre Prozesse straffen und optimieren. Die große Herausforderung der meisten Firmen ist, dass ihre Prozesse so komplex sind, dass keine einzelne Person das ganze erfolgskritische Prozesswissen hat. Wie findet man heraus, wie ein bestimmter Prozess *wirklich* abläuft? Wer was wie und wann tut? Denn einen Prozess zu „verbessern", ohne ihn zuerst umfassend zu kennen ist wie ein Blindflug ohne Radar in Nacht und Nebel. Es kann in beiden Fällen zu erheblichen Opfern kommen! Die Bildkartenmethode (BKM) ist ein äußerst wertvolles und hilfreiches Werkzeug für die Erhebung und Darstellung des IST-Zustandes von Prozessen jeder Komplexität und in jedem gewünschten Detaillierungsgrad, als Basis für BKM-gestützte Prozessverbesserung und –erneuerung.

Da die BKM Barrieren zwischen unterschiedlichen Gruppen und Hierarchiestufen beseitigt, kann sie das Wissens- und Erfahrungspotential aller Beteiligten möglichst vollständig zugänglich und somit für Verbesserungen nutzbar machen. Die Methode ist einfach zu handhaben und erfordert keine teuren Hilfsmittel. Erarbeitete Prozesse können einfach und platzsparend gelagert und transportiert werden und stehen damit jederzeit für weitere Überlegungen, Prozessentwicklung oder Personengruppen zur Verfügung. Zudem sind BKM-gestützt erarbeitete Prozesse ideal auf digitale Verarbeitung jeder Art vorbereitet (Beispiele dafür sind digitale Archivierung, Verteilung, Analyse, Verbesserung, Erneuerung und Steuerung).

Einer der ganz großen Vorteile der BKM besteht darin, dass damit eingeführte Prozessverbesserungen, im Gegensatz zu anderen Verbesserungsversuchen, von denjenigen, die sie in die tägliche Praxis umsetzen, sehr breit akzeptiert werden. Es nützt der beste Prozess nichts, wenn er nicht umgesetzt wird! Weil mit der BKM sowohl die Erhebung des IST-Zustandes eines Prozesses als auch die Vision und Erarbeitung von dessen SOLL-Zustand (inklusive Umsetzung) mit der ganzen Gruppe oder Vertretern aller Beteiligten über alle Hierarchieebenen hinweg (und manchmal sogar zusätzlich mit wesentlichen Kunden) erarbeitet werden, ist die Akzeptanz der Prozessveränderungen im Unternehmen viel höher als bei von oben vorgegebenen Verbesserungen. Das liegt zum großen Teil auch daran, dass die Führungsebene die konkrete Situation am Arbeitsplatz meist nicht ausreichend gut kennt. Es sind aber oft „Kleinigkeiten“ wie das richtige Hilfsmittel nutzen oder an einem ergonomischen Arbeitsplatz tätig sein zu können, die den Unterschied zwischen einem leistungsfähigen und einem fehleranfälligen Arbeitnehmer ausmachen. Neben der breiten Akzeptanz erarbeiteter Prozesse ermöglicht die BKM aber auch eine hohe Ergebnisqualität, da sie alle Know-how-Träger einfach beitragen lässt.

Bei der Arbeit mit der BKM wird jeder einzelne Prozessbestandteil schriftlich auf je einem Kärtchen festgehalten. Langjährige Erfahrung hat gezeigt, dass sobald ein solches Kärtchen auf dem Tisch liegt, die Aussage darauf von der Person gelöst und objektiv beurteilt wird. Es ist unmöglich, sich bei jeder Karte auf dem Tisch deren Urheber zu merken und diesen während der Arbeit am Prozess immer taktisch zu berücksichtigen. Damit werden Hierarchie- und Persönlichkeitseinflüsse erfolgreich minimiert (wer kennt nicht die Leute der großen Worte und kleinen Leistungen, und umgekehrt?!) und es kann produktiv und sachlich am Prozess gearbeitet werden. So wird auf der Basis des Unternehmensprozessmodells und eines vorbereitenden Überblicksmodells zunächst gemeinsam die Erhebung und Darstellung des kompletten IST-Prozesses im erforderlichen Detail durchgeführt. Von Anfang an ist das Ziel eine Prozessverbesserung. Danach folgt je nach Bedarf eine SOLL-Modellierung mit der dazugehörenden Prozessvision und einem exakten Umsetzungsplan. Die Kärtchen selber und ein geübter Moderator bewirken, dass alle an der Sitzung Beteiligten ihr Wissen einfach in die Prozessmodellierung und -optimierung einfließen lassen und so, nach vollbrachter Arbeit, der Prozess von A bis Z auf dem Tisch liegt.

Da alle am Prozess Beteiligten oder zumindest Repräsentanten aller Funktionalbereiche im Raum sind, kann man jetzt an Prozessverbesserungen arbeiten ohne zu riskieren, dass in Abteilung B eine „Verbesserung“ eingeführt wird, die später in Abteilung K eine Verdreifachung des Arbeitsaufwandes bewirkt und damit den Gesamtprozess verteuert und verlangsamt. Viele kleine, aber oft sehr kostensenkende und qualitätssteigernde Verbesserungsideen entwickeln sich schon allein durch die exakte Erhebung des IST-Prozesses und verbessern diesen „on the go“.

Die Bildkartenmethode (BKM) ist damit ein sehr einfaches und kostengünstiges Hilfsmittel, mit welchem in jeder Organisationsform und in jedem Wirtschaftszweig auch sehr komplexe Prozesse vollständig erhoben, dargestellt und umfassend verbessert werden können. Mit der BKM kann am Detail gearbeitet werden, ohne durch die Komplexität des Gesamtprozesses abgelenkt zu werden oder wichtige Zusammenhänge dabei aus den Augen zu verlieren.

Prozessorientiert statt abteilungsorientiert

Die traditionelle Betriebsorganisation gliedert ein Unternehmen in verschiedene Abteilungen, die im Laufe des Gesamtprozesses ihre fachspezifischen Aufgaben zu erfüllen haben. Gewöhnlich tragen viele verschiedene Fachaufgaben zu den einzelnen Prozessen bei. Daher bedingt die Abteilungsgliederung gewöhnlich viele Schnittstellen im Prozessablauf, die die Wertschöpfung erheblich behindern und eine Quelle von Fehlern und mangelhafter Leistung sein können, wie die Abbildung illustriert.

Forschung & Entwicklung
Produktion & Logistik
Marketing
Finanz & Verwaltung
Personal & Organisation

Innovationsprozess
Produktentwicklungsprozess
Auftragsabwicklungsprozess
Serviceprozess
Ressourcenmanagementprozess
IT-Supportprozess
Controlling- und Qualitätsmanagementprozess

Abb.1 Wie Prozesse Abteilungen miteinander verbinden

So hat eine Abteilung festgestellt, dass eine andere Software für ihre Angestellten leichter zu bedienen wäre als die gegenwärtig verwendete. Die Abteilungsleitung beschloss, trotz erheblicher Kosten alle Computer mit der teureren, aber einfacheren Software aufzurüsten und damit an kostbarerer Mitarbeiterzeit zu sparen. Die Mitarbeiter wurden im Gebrauch der neuen Software geschult und die Freude an der Leistungssteigerung in der Abteilung war groß – bis nach kurzer Zeit eine später im Prozess angesiedelte Abteilung händeringend zu ihnen kam und fragte, was das sollte. Der Output der „verbesserten“ Abteilung war ihr Input – und sie konnten diesen nicht mehr ohne großen Aufwand übernehmen, um ihren Teil der Arbeit zu machen. Es gab auch keine technische Möglichkeit, das zu ändern. Entweder musste die spätere Abteilung alle Daten neu in ihr System eingeben, oder aber die erste Abteilung zu ihrem alten System zurückgehen. Es ist immer wieder erstaunlich und erschreckend, wie viel Gewinn Firmen durch mangelndes Verständnis des Gesamtprozesses verloren geht. An diesem Beispiel zeigt sich die negative Bedeutung des Wortes „Schnittstelle": nicht selten beginnt und endet das Verständnis eines Gesamtprozesses mit den Abteilungsgrenzen. Nur auf eine einzelne Abteilung bezogen, kann eine Änderung eine große Verbesserung sein. Wie das obige Beispiel zeigt, kann eine solche Teilverbesserung aber den Gesamtprozess insgesamt erheblich verlangsamen und/oder verteuern.

Um einen Prozess wirklich, nachhaltig und kontinuierlich zu verbessern ist ein Prozessverantwortlicher nötig, der die Kompetenz, Akzeptanz und Vollmacht hat, abteilungsübergreifend zu wirken. Er muss den Überblick über den Gesamtprozess haben und wissen, welche Faktoren erfolgskritisch und welche nebensächlich sind. Mit diesem Wissen kann er Mitarbeitern helfen, einander zuzuarbeiten und den Prozess in Schwung zu halten. Mit Prozessorientierung werden die einzelnen Abteilungen einer Organisation zu Teamspielern, die ein großes, gemeinsames Ziel haben: ihre Prozesse so hochwertig, produktiv und Ressourcen sparend zu bewältigen, dass sie der Konkurrenz eine Nasenlänge voraus sind und damit der Erfolg ihrer Firma (und auf diese Weise auch ihr Arbeitsplatz) langfristig gesichert bleibt.

Mensch und Maschine gemeinsam

Vielen Firmen wird die Notwendigkeit von Prozessoptimierung immer eindringlicher bewusst. Oft wissen sie aber nicht, wo sie beginnen sollen. Schließlich wird nicht selten ein Techniker beauftragt, einen Prozess zu erheben und zu verbessern. Techniker sind meist Menschen mit ausgezeichnetem Verständnis von Maschinen, komplexen Anlagen, Elektronik, deren Interaktion mit der Mechanik und vielem mehr. All das ist wichtiges Wissen, um einen Prozess optimieren zu können. Trotzdem spielt die zentrale Rolle in jedem Arbeitsprozess nach wie vor der Mensch, sein Wissen, Können und seine Erfahrung - aber auch seine Gefühle, Ängste und Vorurteile.

Um einen Prozess *wirklich* zu optimieren gilt es, das menschliche Wissen und Potential voll zu erschließen. Nur ein Mitarbeiter, der gehört und geschätzt wird, investiert sein ganzes Wissen, Können und Loyalität in die Firma. Gerade Mitarbeiter auf den unteren Hierarchieebenen haben oft Wissen, das zu hochwirksamen Verbesserungsvorschlägen und damit ganz direkt zu Einsparungen und Gewinn- und Umsatzsteigerungen führen. So hat zum Beispiel der Gabelstaplerfahrer einer Holzfirma seinen Vorgesetzten vorgeschlagen, doch die Gänge zwischen den zum Trocknen lagernden Holzstapel auf einen einzigen zu reduzieren, der das neu zu lagernde Holz vom fertig gelagerten Holz trennt. Da die Firma einen dringenden Bedarf an mehr Trockenlagerfläche hatte und diese wegen der zentralen Lage der Firma nur sehr teuer zu haben war, hat sie sich mit einem einzigen guten Vorschlag eines „niedrigen" Arbeiters sehr viel Geld, aufreibende Bauarbeiten und kostbare Arbeitszeit gespart.

Zumeist sind es die Mitarbeiter der untersten Hierarchieebenen, die die wertschöpfenden Prozesse ausführen - und damit oft viele der Prozessveränderungen zu tragen haben. Diese Mitarbeiter tragen Neuerungen im Allgemeinen jedoch gerne mit, wenn diese auch für sie erkennbare Vorteile und Erleichterungen mit sich bringen. Der Mensch ist von Gewohnheiten geprägt - und ein triftiger Grund hilft viel, wenn es darum geht, liebe alte Gewohnheiten zu ändern! Fehlt dieser Grund bleibt die Grundhaltung jedoch allzu oft: „Das haben wir immer schon so gemacht und es hat gut funktioniert. Warum sollten wir jetzt etwas ändern?" und damit sind die Chancen hoch, dass so ziemlich alles beim Alten bleibt. Außer vielleicht, dass es jetzt wegen der Diskrepanz zwischen IST- und SOLL-Prozess mehr Grund zu Kritik und daraus resultierende negative Energie im Prozessteam gibt. Mit der BKM werden alle Prozessbeteiligten (zumindest in Vertretung) in das Erarbeiten von Veränderungen eingebunden. Dadurch verstehen sie ihre Bedeutung für den Gesamtprozess, die Vorteile der Verbesserungen und die komplexen Zusammenhänge innerhalb der einzelnen Teilprozesse viel besser. Sie können den Mitarbeitern oberer Hierarchieebenen aber auch Möglichkeiten und Grenzen der Prozessveränderung aufzeigen, die jemandem nicht bewusst sind, der nicht so genau mit den Details bezüglich Aufgabenträgern, Material, Maschinen und anderen Ressourcen vertraut ist. Mit diesem Beitrag zur Prozesserhebung und -verbesserung macht der neue SOLL-Prozess auch für die anderen Mitarbeiter mehr Sinn und bringt allen Arbeitserleichterungen. So sind die Ausführenden viel umfassender bereit, die angestrebten Veränderungen mitzutragen und sogar innovativ mitzudenken.

Wenn Mitarbeiter aller Hierarchiestufen aktiv zur Verbesserung von Geschäftsprozessen beitragen, sind größtmögliche Erfolgschancen gegeben. Ein ganz wichtiger Vorteil der BKM ist, dass beim Betrachten eines Prozesses offensichtlich wird, „wo der Hase im Pfeffer liegt“. Da die für Prozessoptimierung ausgewählte Gruppe – das Prozessteam - von der Modellierung des IST-Zustandes bis zur Definition des neuen SOLL-Zustandes und dessen Umsetzung eingebunden ist, entsteht am Ende ein Produkt, zu dem jeder in gewisser Weise beigetragen hat und mit dem sich deshalb alle leichter identifizieren können. Wenn diese Arbeit abgeschlossen ist und alle das Ergebnis annehmen, kann der neue Prozess (wenn erforderlich bzw. gewünscht) elektronisch erfasst und verarbeitet werden. So können Mensch und Maschine optimal zusammenwirken und die Maschine kann die wertvolle Ressource Mensch am Arbeitsplatz ideal unterstützen.

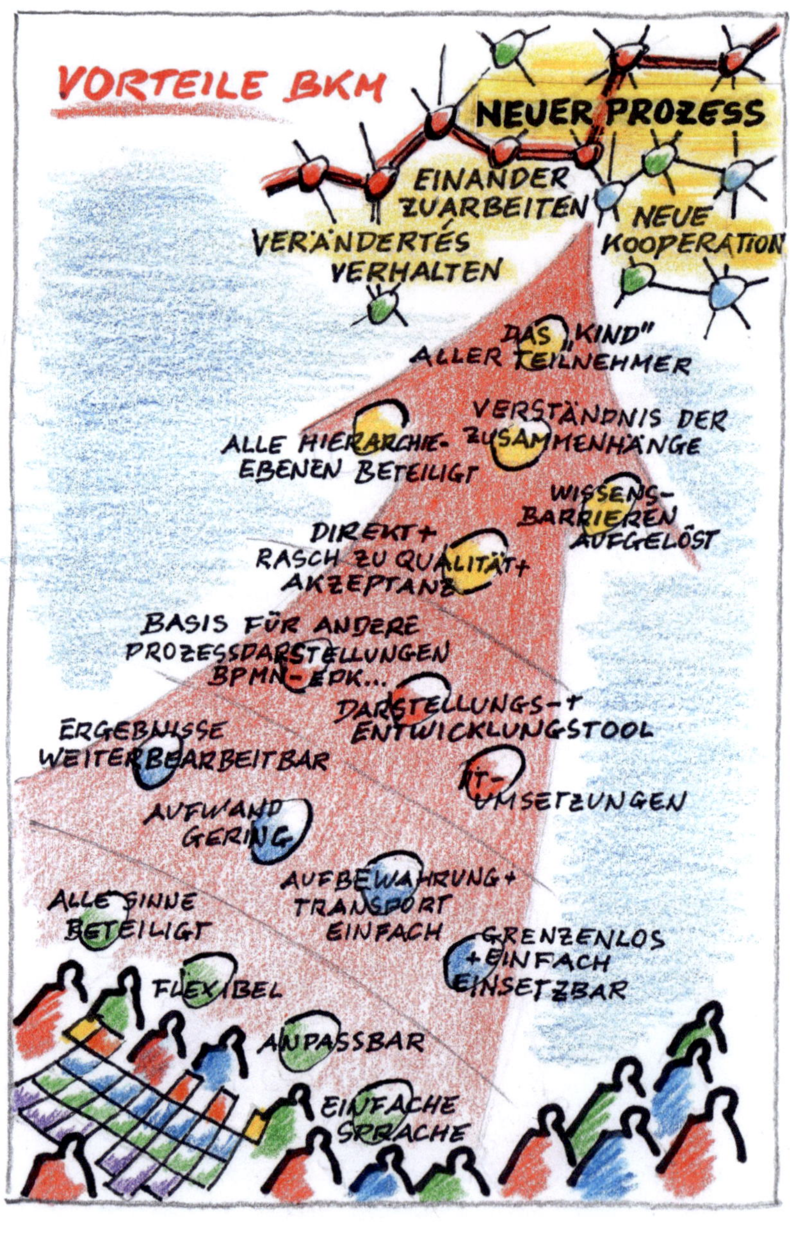
VORTEILE BKM
NEUER PROZESS
EINANDER ZUARBEITEN
VERÄNDERTÉS VERHALTEN
NEUE KOOPERATION
DAS „KIND" ALLER TEILNEHMER
VERSTÄNDNIS DER ZUSAMMENHÄNGE
ALLE HIERARCHIE-EBENEN BETEILIGT
WISSENS-BARRIEREN AUFGELÖST
DIREKT + RASCH ZU QUALITÄT + AKZEPTANZ
BASIS FÜR ANDERE PROZESSDARSTELLUNGEN BPMN-EPK...
DARSTELLUNGS- + ENTWICKLUNGSTOOL
ERGEBNISSE WEITERBEARBEITBAR
IT-UMSETZUNGEN
AUFWAND GERING
AUFBEWAHRUNG + TRANSPORT EINFACH
ALLE SINNE BETEILIGT
GRENZENLOS + EINFACH EINSETZBAR
FLEXIBEL
ANPASSBAR
EINFACHE SPRACHE

Vorteile der BKM

Alle Sinne sind beteiligt

Ein Geheimnis des Erfolgs der BKM liegt darin, dass jeder beim Workshop Anwesende *aktiv* am Erarbeiten und Verbessern des Prozesses beteiligt ist. Jeder beschriftet und platziert Karten, kann den Prozess überschauen und deshalb mitdenken, mitreden und selber ergänzen, verändern und Weichen stellen. Dadurch bekommen alle die volle Palette der Erlebnisse, die mit den Bildkarten möglich sind: Schreiben, Lesen, Wahrnehmen der Kartenunterschiede, Anfassen und Mitgestalten. Diese Vielfalt von Sinneswahrnehmungen macht das Erarbeiten mit der BKM auch zu einer sinnlichen Erfahrung und steigert so die geistige Wachheit der Workshopteilnehmer. Alle haben schon erlebt, wie leicht man sich innerlich ausklinkt, wenn man eine große Anzahl sehr komplexer Fakten und deren Interaktionen im Kopf behalten sollte. Dann noch über Einzelheiten nachzudenken, ohne einzelne Details und wichtige Zusammenhänge aus dem Auge zu verlieren, ist fast unmöglich und auf lange Zeit extrem anstrengend. Mit der BKM liegen die wesentlichen Fakten für alle sichtbar und zugänglich offen auf dem Tisch. Keiner muss ohne diese umfassende Kommunikationshilfe beschreiben, was er meint. Jeder kann BKM-Karten nehmen, Detailinformation schreiben und Zusammenhänge zeigen. Die komplexen Fakten werden auch nicht von nur einer Person (und mit deren persönlicher Interpretation) aufgenommen und gegliedert. Auch bei einer solchen Vorgehensweise klinken sich Teilnehmer meist schon bald aus, denn immer wieder eigene Aussagen zu Prozessen von einer dazu bestimmten Person am Computer formulieren und positionieren zu lassen, wird sehr schnell schwerfällig und unbefriedigend. Dann identifizieren sich die Teilnehmer mit dem Ergebnis allerdings auch entsprechend schwächer. Die gleichberechtigte, aktive Beteiligung aller Workshopteilnehmer mit all ihren Sinnen macht das gemeinsame Erarbeiten eines Prozesses mit der BKM zu einem angenehmen und erfolgversprechenden Erlebnis. Das bewirkt nämlich nicht nur umfassendes Verständnis der vielen Prozessdetails im

Zusammenhang des gesamten Prozesses, sondern auch angenehme Emotionen („Der Prozess stimmt und ich konnte sichtbar beitragen!“), an die man sich später leicht wieder erinnert, wenn - vielleicht sogar erst nach Monaten - ein BKM-Prozessmodell wieder aufgelegt und die Arbeit daran weitergeführt wird.

Alle Hierarchieebenen sind beteiligt

Ein für den Erfolg der Prozessoptimierung und damit der BKM ganz wesentlicher Aspekt ist die aktive Beteiligung aller Hierarchieebenen und vom Prozess betroffenen Abteilungen. Zwar werden die einzelnen Teilprozesse meist nur mit der direkt betroffenen Abteilung plus gewöhnlich je einem Vertreter des vor- und nachgelagerten Teilprozesses bearbeitet, aber zur Überblicksmodellierung des Gesamtprozesses tragen am besten alle für den Prozess wesentlichen Entscheidungsträger (Leiter der Funktionalbereiche) und führende Mitarbeitervertreter bei. Da so alle Betroffenen an der Erarbeitung und Verbesserung des Prozesses beteiligt sind, gibt es für niemanden einen Grund, die notwendigen Veränderungen zu boykottieren, wie es bei von oben verordneten Änderungsbeschlüssen leider nur allzu oft (und nicht selten auch aus gutem Grund) der Fall ist. Es gibt noch weitere Gründe dafür, beim Einsatz der BKM alle einzubeziehen. Diese sollen hier kurz beleuchtet werden.

Verständnis der Zusammenhänge

Die Vorgehensweise der Arbeit mit der BKM stellt sicher, dass bei jedem Schritt der Prozessoptimierung Vertreter aller wesentlichen „Prozessinhaber“ (hier meint dieser Begriff alle am Prozess Beteiligten) an der Arbeit beteiligt sind. Im Normalfall entstehen so Gruppen zwischen vier und acht Mitarbeitern (in Ausnahmefällen, und mit größeren BKM-Karten, können aber auch deutlich größere Gruppen bei der Prozessarbeit mit dieser Methode zusammenwirken). Auf diese Weise ist das jeweils wesentliche Prozesswissen um einen Tisch versammelt, was gewöhnlich Fehlentscheidungen vorbeugt. Ein angenehmer Nebeneffekt der BKM ist auch, dass jeder aus den entstehenden Prozessmodellen lernen und für sich selber Schlüsse ziehen kann, ohne dass ein anderer belehrt oder vorschreibt. Schließlich ist es bei Letzterem nach wie vor oft so, dass manch einer eine gute Idee nur deshalb ablehnt, weil sie nicht von ihm stammt. Mit der BKM kann jeder viele gute Ideen so einbringen, dass sie gewöhnlich von den anderen Mitarbeitenden leicht akzeptiert werden können, weil sie im wahrsten Sinn des Wortes einsichtig sind.

Es ist „mein Kind“

Manche Mitarbeiter wollen ihr Wissen nicht preisgeben. Es liegt eine gewisse Macht darin, wenn es „nicht ohne mich geht“. Da ein BKM-Prozessmodell aber auch ein wenig wie ein Puzzle ist, fallen Lücken bei der Abbildung eines Prozesses ziemlich schnell auf, und werden zudem von allen wahrgenommen, was den Säumigen meist ohne Mühe dazu bringt, auch seine Beiträge zu einer kompletten und korrekten Prozessmodellierung zu leisten. Es wird auch rasch offensichtlich, wenn jemand in zu vielen Bereichen mitmischt oder viel redet, ohne etwas Bedeutsames beizutragen. Die BKM bringt es an den Tag, indem sie ermöglicht die Realität „offen auf den Tisch zu legen“.

Da Lösungen für alle transparent und sachbezogen gemeinsam erarbeitet werden, kann letztlich jeder mit gutem Recht von den beschlossenen Prozessverbesserungen sagen: „Sie sind (auch) mein Kind!“

Wissensbarrieren werden aufgelöst

Auch wenn alle an einem Prozess Beteiligten die gleiche Muttersprache haben (was in der Praxis oft nicht der Fall ist), so sprechen sie dennoch verschiedene Sprachen. Jede Berufsgruppe fachsimpelt in ihrem eigenen Jargon, und wer nach fünf bis zehn Jahren wieder in seinen ursprünglichen Beruf einsteigen will, ist bezüglich der verwendeten Begriffe schon nicht mehr up to date. Selbst verwandte Berufsgruppen verstehen sich nicht vollständig, ganz zu schweigen von Technikern und Kaufleuten, oder Mitarbeitern in Produktion und Verkauf. Obendrein haben Arbeiter verschiedener Bereiche einer Organisation oft auch unterschiedliche Sichtweisen der Dinge an sich und betrachten die Herausforderungen und Lösungsansätze dementsprechend unterschiedlich. Und mit all dem haben wir noch nicht einmal begonnen, über verschiedene Dialekte und unterschiedliche Kulturen zu sprechen.

Zu all dem gesellen sich noch unterschiedliche Bildungsebenen, Herkunfts- und Ausbildungsorte, ganz zu schweigen von Persönlichkeitsunterschieden wie zum Beispiel der Fähigkeit, sich mit Worten exakt ausdrücken zu können oder eben nicht. Durch den Einsatz der Bildkarten sind alle Beteiligten eingeladen und befähigt, ihre Gedanken nach klaren Regeln kurz und bündig schriftlich einzubringen. Dampfplauderer können sich nicht austoben. Wortkarge Know-how-Träger müssen nicht viel sagen. Sie bringen ihr Wissen zu Papier und legen die Karte – bei allen Mitarbeitern Verständnis fördernd – zu den anderen Bildkarten. Entblößt von Redeschnörkeln und von den Grenzen rhetorischer Unbeholfenheit befreit zeigt jeder auf einer Bildkarte festgehaltene Beitrag seinen wahren Wert (das beugt auch dem Missbrauch von Positionsmacht vor) und kann dank der Flexibilität und Systematik der BKM einfach für ein umfassendes Verständnis des Gesamtprozesses abgelegt werden.

Verschiedene Auffassungen über den Prozess können mit den Karten durch Verschieben und Ergänzen so diskutiert werden, dass Fachsprachen kein Hindernis sind. Aus der Lage der Karten ist ihre Beziehung zueinander ersichtlich und bedarf keiner zusätzlichen Erklärung. So können sich Vertreter unterschiedlicher Fachsprachen, Bildungsgrade und Nationalitäten mühelos und effizient miteinander über einen bestimmten Prozess austauschen und ihn bearbeiten.

Die BKM überbrückt dank ihrer Einfachheit und Universalität die Kommunikationsprobleme zwischen Mitarbeitern, die so oft große Fortschrittsbremsen sind. Hat jemand während der BKM-Anwendung plötzlich einen neuen Zusammenhang verstanden, dann kommt es immer wieder zu Aussagen wie: „Warum hast du mir nicht schon früher gesagt, was genau du brauchst?“ oder „Ich habe gar nicht gewusst, dass du das in deiner Arbeit machst!“. Bei Anwendung der BKM wird für alle Mitarbeiter klar, was benötigt wird, um erfolgreich Leistung zu erstellen. Der mitarbeitende Experte erkennt rasch, wo er mit seinem Fachwissen den Prozess noch weiter unterstützen und zu noch besseren Lösungen beitragen kann. Das ist ein nicht unerheblicher

Vorteil. Praktisch veranlagte Menschen müssen Dinge oft sehen, um an einer Problemlösung arbeiten zu können. Und es sind auch die Arbeiter, die die zur Verfügung stehenden Materialien, Hilfsmittel und Mitarbeiter sehr genau kennen und aufgrund dieses Wissens oft mit einfachen, wirkungsvollen Lösungsvorschlägen aufwarten können. Solche Lösungen kommen Führungskräften nicht in den Sinn, weil sie die erforderlichen Prozessdetails einfach nicht kennen. Indem die BKM die gegebene Situation im erforderlichen Detailliertheitsgrad sichtbar und verständlich auf den Tisch bringt, können Praktiker Verbesserungsmöglichkeiten erkennen und auf der Grundlage ihrer Erfahrungen gemeinsam mit ihren Mitarbeitern und Vorgesetzten Lösungen überlegen und ausarbeiten. Auch in dieser Weise hilft die BKM Organisationen verschiedener Art, ihr ganzes vorhandenes Potential besser nutzen zu können und erfolgreicher zu werden.

Ergebnisse sind leicht reproduzierbar

Bestechend an der BKM ist auch, dass sie keinen großen technischen und organisatorischen Aufwand erfordert und ihre Ergebnisse ganz einfach in Form eines Kartenstapels oder eines digitalen Bildes vielseitig weiterverwendbar aufbewahrt werden können. So kann sie jederzeit in jedem Umfeld eingesetzt werden. Außerdem ist es sehr einfach, das Erarbeitete an Hand der systematisch gesammelten Karten auch nach Wochen oder sogar Monaten neuerlich zu präsentieren und den im letzten Workshop erarbeiteten Wissensstand einfach nachvollziehbar wiederzugeben. Mittels dieses systematisch organisierten Kartenstapels kann ein Prozess immer wieder überprüft und gegebenenfalls optimiert werden.

Der Materialaufwand für eine BKM-Prozessmodellierung ist denkbar gering. Man braucht einen ausreichend großen Arbeitsraum (die Teilnehmer müssen sich rund um einen Tisch frei bewegen können), genügend vorgedruckte BKM-Karten und Stifte mit gut zu lesender Schreibstärke (ca. 1mm, Kugelschreiber sind zu dünn und deshalb auf Distanz unleserlich). Modelliert wird auf einem Tisch geeigneter Größe, um den alle Teilnehmer bequem Platz finden und dessen Fläche für das zu erarbeitende Modell groß genug ist (Richtgröße in der Regel ca. 80 x 140 cm. Bei größeren BKM-Modellen, wie sie gewöhnlich mit großen BKM-Karten für Gruppen ab 6 – 8 Mitarbeitenden erstellt werden, werden mehrere Tische dieser Größe zusammengestellt). Für BKM-Neulinge kann es nach angemessenem Training hilfreich sein, eine Liste mit einigen für die Arbeit erfolgskritischen Hinweisen zu haben.

Aufbewahrung und Transport

Nach beendetem Workshop werden die mit ihrer Position gekennzeichneten BKM-Karten fotografiert und danach in der vorgegebenen Reihenfolge gestapelt. Zusammengehalten von einen Gummiring wird der den Prozess beinhaltende Kartenstapel bis zur nächsten Verwendung platzsparend aufbewahrt. Eine Tafel Schokolade braucht meist deutlich mehr Platz.

Reproduktion des Prozessablaufs

Da die BKM-Karten in der Reihenfolge der Prozessmodellierung gestapelt werden, kann das ganze Prozesswissen ohne Schwierigkeiten jederzeit wieder aufgefrischt werden, indem die BKM-Karten (begleitet von einer entsprechenden Erklärung des Moderators) wieder ablaufgetreu aufgelegt werden.

Dies kann z. B. wichtig sein, wenn die Prozessmodellierung unterbrochen werden musste und alle Beteiligten die Gedankengänge des vorhergehenden Workshops rasch wieder aufnehmen und nahtlos weiter arbeiten sollen. Die umfassende und systematische Darstellung des bisher Erarbeiteten verhindert mühsame Diskussionen, um alle wieder auf den gleichen Stand zu bringen. Der Moderator legt den Prozess wie bisher erarbeitet auf, und alle Beteiligten können in kurzer Zeit weiterarbeiten. Sogar wenn man bei der ersten Arbeitseinheit gefehlt hat, wird man so in wenigen Minuten auf den aktuellen Stand gebracht und kann sofort ohne Einschränkung mitarbeiten. Auch wenn ein Prozess einem Vorgesetzten, einer Gruppe Mitarbeiter oder sonst jemandem vorgestellt werden soll, hilft eine solche Verwendung eines BKM-Modells. Selbst Prozess-Neulinge können anhand eines BKM-Prozessmodells ganz gezielt wichtige Fragen stellen. Die komplexen Daten liegen alle offen auf dem Tisch. Der Fragende kann einfach auf ein Prozessdetail zeigen und seine Frage stellen. So kommen immer wieder erstaunliche Verbesserungen und Optimierungen zustande.

Auch wenn neue Mitarbeiter in irgendeinen Bereich des Prozesses eingearbeitet werden sollen, kann das Auflegen der BKM-Karten mit angemessenen Erläuterungen das ideale Instrument sein. Mit Hilfe der BKM kann jeder in kurzer Zeit in eine Thematik eingeführt und auf den aktuellen Wissensstand gebracht werden.

Wie leicht ersichtlich, können die fertigen Prozessmodelle vielen verschiedenen Zwecken dienen. BKM-Kartenstapel können auch als Gedächtnisstütze verwendet werden, um die Umsetzung erarbeiteter Veränderungsmaßnahmen zu begleiten oder festzustellen, welche Verbesserungen sich durch diese bereits ergeben haben.

Die BKM als Basis für andere Prozessdarstellungen

Wird eine andere grafische Darstellung des Prozesses, beispielsweise in Form eines Flussdiagramms, gewünscht, so bilden die erarbeiteten Bildkarten eine sehr gute Basis für die Erstellung einer solchen Grafik. Auch schriftliche Prozessdarstellungen können aus den Bildkarten lückenlos erstellt werden. Allgemein ist ein BKM-Modell jedoch so leicht zu lesen, dass sich dieser Aufwand kaum lohnt.

Zudem kann man die BKM so verwenden, dass andere Darstellungsformen damit leicht verständlich simuliert werden. Dazu werden je nach Bedarf – neben einem anderen Platzieren der Karten (z.B. vertikal statt horizontal, wie bei Einsatz des Prozessmanagement-Tools ARIS) - Symbole und Begriffe der jeweiligen Darstellungsform (wie z.B. BPMN) auf die BKM-Karten aufgedruckt, um eine noch leichtere Lesbarkeit und umfassende Kompatibilität mit den speziellen Prozessmanagementstandards einer Organisation sicherzustellen.

Die BKM als Basis für EDV-Unterstützung

Soll ein Prozess mit Hilfe eines IT-Systems dokumentiert und gesteuert werden, bieten die Bildkarten eine sehr gute Basis für die Arbeit des IT-Experten. Die BKM sieht besondere Informationen im Prozessmodell für den Programmierer vor, sodass dieser eine Prozessabbildung im IT-System leichter vornehmen kann. Dafür werden spezielle BKM-Karten verwendet, die die benötigten Daten erfassen helfen. Liegt ein auf diese Weise sorgfältig erarbeiteter BKM-Prozess vor, kann der Programmierer wesentliche Prozessmerkmale bereits von Anfang an berücksichtigen und nachträgliche Ergänzungen, die das Programm schwerfällig machen oder großen Änderungsaufwand bedeuten, erübrigen sich großteils.

Die BKM ist ein bewährtes Werkzeug, um einen Prozess der digitalen Bearbeitung zuzuführen. Es nützt einer Organisation das beste, teuerste und ausgeklügeltste Workflow-System nichts, wenn das Werkzeug für eine exakte und umfassende Prozessaufnahme fehlt. Und das ist der Punkt, an dem in der Praxis viele Firmen trotz bestem Willen und vollem Einsatz scheitern. Die BKM bietet eine einfache und wirksame Lösung für die elektronisch verarbeitbare Erfassung eines Prozesses und fördert dabei Prozessqualität und Akzeptanz durch die Mitarbeiter..

Die BKM als Basis für einfache digitale Verarbeitung

Das fertige BKM-Modell kann, wie schon erwähnt, als einfachste Digitalisierungsform fotografisch festgehalten werden. Die Bilder können dann - neben einer Verwendung im Intranet zur Mitarbeiterinformation - für die Vorbereitung einer ISO-Zertifizierung und die nachhaltige Umsetzung des damit verbundenen QM-Systems verwendet werden. Weiters können sie, beispielsweise im Rahmen von PowerPoint-Präsentationen, zur Information weiterer Personenkreise dienen. Sie helfen den am Prozess Beteiligten aber auch, sich Details jederzeit nach Bedarf wieder zu vergegenwärtigen oder einem externen Moderator, sich vor einem späteren Workshop wieder in den Prozess einzudenken (das eigentliche BKM-Modell selbst bleibt ja in der Organisation).

Eine neben der Veröffentlichung eines digitalen Prozessmodell-Bilds im Intranet weitere einfache Möglichkeit, mit der BKM erarbeitete Prozessdaten im Computer zu verwerten, ist ein Excel-Sheet mit den Prozessdaten zu erstellen. In einem solchen Dokument können alle relevanten Prozessdaten wie etwa unterschiedliche Rollen, nötige Ressourcen usw. leicht überschau- und verwertbar abgebildet werden. Die Excel-Tabelle ihrerseits kann dann bei Bedarf als Grundlage für die Prozessumsetzung in einem IT-System dienen.

Die BKM für umfassende digitale Verarbeitung

Die BKM-Prozessmodelle kann man auf verschiedene Weise umfassend digital verarbeiten. Die Abbildung zeigt als Beispiel das VISIO-Modell eines BKM-Prozesses. Der Verwendung der BKM sind

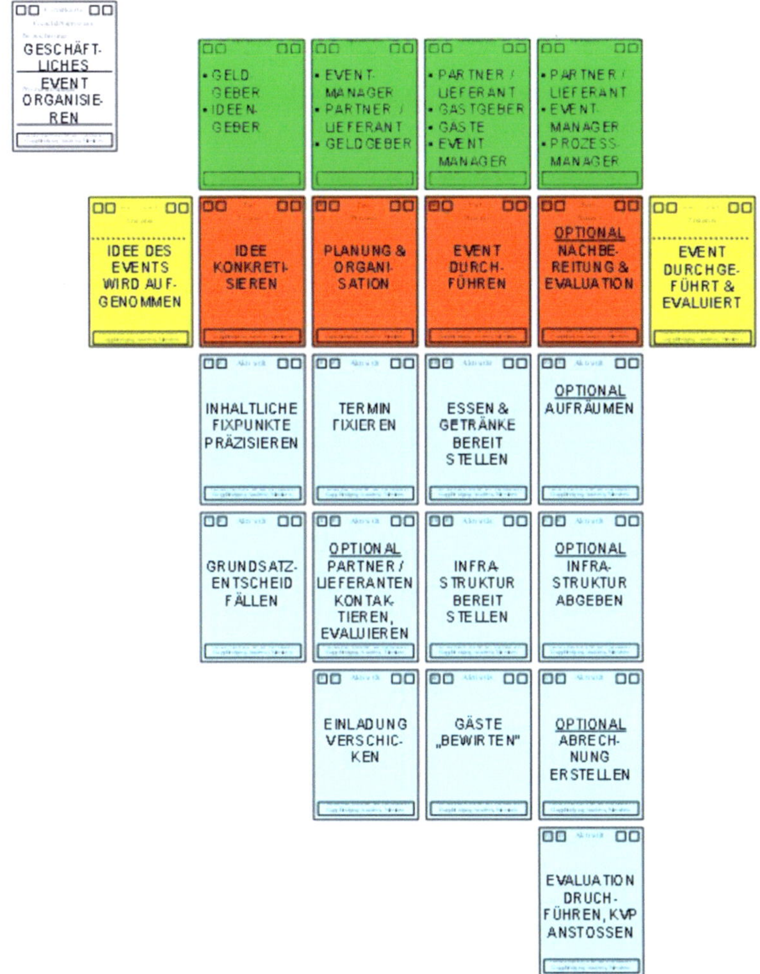

Abb. 2 Einfaches Visio-Modell eines Geschäftsprozesses

diesbezüglich aufgrund ihrer Flexibilität und Mächtigkeit keine Grenzen gesetzt, wie die Methode schon seit vielen Jahren zeigt. Ob mit Prozessmanagement-Tools abzubilden und zu simulieren (wie z.B. mit ARIS oder ADONIS), mit integrierten Managementsystemen zu planen und zu verwalten (wie z.B. mit IMS oder QPR) oder mit komplexen IT-Systemen zu überwachen und zu steuern (wie. z.B. mit Infor oder SAP), die BKM dient auch hervorragend als einfache Grundlage für wirksames IT-gestütztes Prozessmanagement.

Die Bildkarten sind flexibel und anpassbar

Ein ganz besonders großer Vorteil der BKM ist, dass sie an jede denkbare Prozessart anpassbar ist und in jeder Kultur bei jedem Bildungsstand eingesetzt werden kann (vorausgesetzt die Teilnehmer können lesen und schreiben). Die Bildkarten sind für die Optimierung technischer Prozesse ebenso wirksam nutzbar wie in der Familienberatung, sie sind für kaum ausgebildete Hilfskräfte genau so leicht zu verstehen wie für Universitätsprofessoren.

Abb.3 Standard BKM-Kartensatz für die vereinfachte IST-Modellierung

Die BKM besteht aus vorbereiteten Kartensätzen, die sich bei der Modellierung üblicher Geschäftsprozesse und deren Verbesserung bzw. Erneuerung in jahrelanger Praxis international bewährt haben. Bei besonderem Bedarf können

für die Modellierung spezielle, an die jeweiligen Prozesse angepasste Karten entworfen werden. Dies ist aber kaum je nötig, da die existierenden Karten umfassend und komplett sind und die seltenen Ausnahmen immer auch auf der dafür vorgesehenen „Anderes"-Karte Platz finden.

Die Bedeutung der verschiedenen BKM-Karten muss ganz klar optisch erkennbar sein, und das auch aus einer gewissen Entfernung. Das geschieht primär durch die Verwendung von farbigem Papier. Zusätzlich können je nach Bedarf einprägsame Bildsymbole (oder Piktogramme) verwendet werden, um die jeweilige Funktion der Karten, die auch durch eine Bezeichnung auf der Karte eindeutig identifiziert wird (z.B. „Dokument"), auf einen Blick deutlich zu machen.

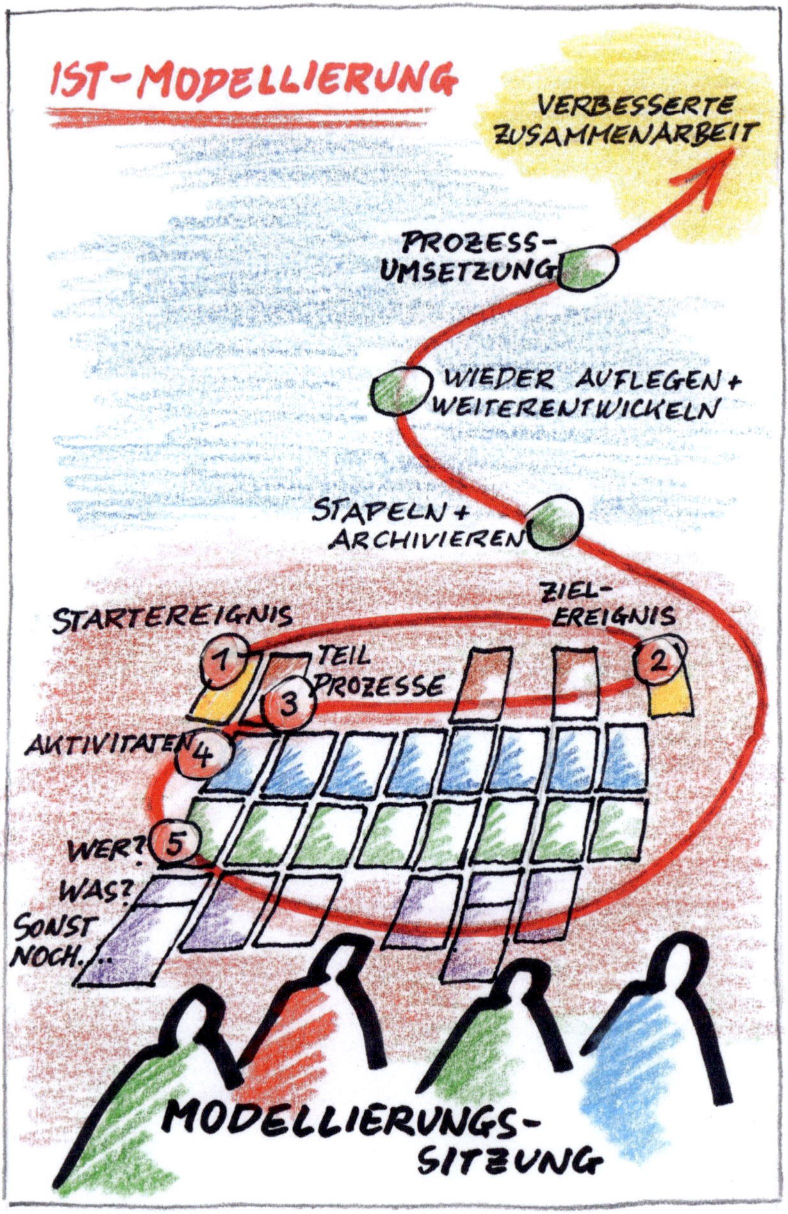

IST-MODELLIERUNG

VERBESSERTE ZUSAMMENARBEIT

PROZESS-UMSETZUNG

WIEDER AUFLEGEN + WEITERENTWICKELN

STAPELN + ARCHIVIEREN

STARTEREIGNIS

ZIEL-EREIGNIS

1

2

TEIL PROZESSE

3

AKTIVITATEN

4

5

WER?

WAS?

SONST NOCH...

MODELLIERUNGS-SITZUNG

Vereinfachte IST-Modellierung ein Praxisbeispiel

Zur Illustration der Methode wird hier ein Anwendungsbeispiel der IST-Modellierung in vereinfachter Form beschrieben. Schon bei dieser Erfassung eines vorhandenen Geschäftsprozesses kommt es erfahrungsgemäß fast immer zu nachhaltigen und messbaren Verbesserungen. In der vereinfachten IST-Modellierung werden die sonst getrennte Überblicksmodellierung und die darauf folgende Detailmodellierung miteinander verschmolzen, was nicht nur Vorteile hat. Die Trennung zwischen Überblicks- und Detailmodellierung hat den Vorteil, dass durch die Überblicksmodellierung wichtiges Prozess-Überblicksverständnis geschaffen werden kann, durch das nicht nur wertvoller Verbesserungsinput erhalten wird, sondern auch die Workshops für die Detailmodellierung von Prozessteilen optimal vorbereitet werden können. Auch die Teilnehmergruppen sind in der getrennten Modellierung nicht identisch, wodurch gezielter gearbeitet werden kann. Auf der anderen Seite spart die Verschmelzung Zeit und es muss nur ein gemeinsamer Termin für die Prozessmodellierung gefunden werden.

Vorbereitung

Im Vorfeld muss die richtige Personengruppe für den betreffenden Prozess bestimmt und die entsprechenden Leute müssen eingeladen werden. Das sind alle, die im Prozess Schlüsselstellungen einnehmen und die zuständige Person der Unternehmensleitung. Eine tragende Rolle spielt natürlich der oder die Prozessverantwortliche. Wichtig dabei ist, sicherzustellen, dass im Modellierungsworkshop jeder Prozessteil durch zumindest einen Teilnehmer vertreten ist, der entsprechendes Überblicks- und Detailwissen besitzt.

Für einen Modellierungsworkshop braucht man einen Raum mit einem Tisch, um den alle Teilnehmer bequem Platz finden, sich aber auch frei bewegen können. Der Moderator sitzt oder steht mit den Teilnehmern zusammen im Kreis um den Tisch herum. Der Tisch sollte nicht zu breit sein, damit alle Teilnehmer in jedem Bereich des Tisches

Bildkarten auflegen können. Das kann sowohl stehend als auch sitzend geschehen; beides hat sich bestens bewährt. Bewährt haben sich auch Tische von etwa 80 mal 140 cm, wenn mit den Standard-BKM-Karten gearbeitet wird (bei Verwendung der größeren BKM-Karten für Großgruppen ist entsprechend mehr Tischfläche erforderlich). Gibt es mehr als einen solchen Tisch im Raum, können diese je nach Bedarf modular zusammengestellt oder für zusätzliche Modelle verwendet werden, was sich (bei größeren Prozessen oder wenn das Überblicksmodell bzw. andere Teilprozessmodelle als Referenzpunkte liegen bleiben sollen) als sehr hilfreich erweisen kann. Ein weiterer Tisch für Material, Demonstrationen, Informationen, Getränke etc. kann zusätzlich zum Wohlbefinden und effektiven Arbeiten der Teilnehmer beitragen.

Man benötigt genügend geeignete Schreibstifte, damit jeder Teilnehmer selber BKM-Karten beschriften und aktiv mitarbeiten kann. Dunkle Faserschreiber möglichst einer einheitlichen Farbe mit einer Spitze von ca. 1 mm haben sich sehr gut bewährt, damit die Schrift auch auf Distanz gut zu lesen ist. Dann braucht man ausgedruckte und gleichmäßig geschnittene farbige BKM-Karten. Die Standard-BKM-Karten können von GappBridging bezogen werden (pdf-Druckvorlagen; diese Karten enthalten einen Copyright-Vermerk sowie den Hinweis auf das Recht, die BKM-Karten mit dem entsprechenden Aufdruck vereinbarungsgemäß zu verwenden). Für eine einmalige Testanwendung reicht zum Ausdrucken von BKM-Karten eine Packung von buntem Papier in normaler Stärke in zumindest sechs verschiedenen Farben (zusätzlich zu weißem Papier), wie es in fast jedem Bürowarenhandel erhältlich ist.

Zur weiteren Unterstützung können je nach Wunsch folgende Hilfsmittel vorhanden sein: Eine Pinwand (kann bei Bedarf mit Ausdrucken wichtiger Informationen versehen werden), ein Flipchart (um etwas aufzuschreiben oder graphisch darzustellen) und um die Arbeitszeit etwas angenehmer zu gestalten Getränke, Obst und kleine Snacks.

Die wesentlichen Strukturelemente des vereinfachten BKM-Modellierungsverfahrens für IST-Prozesse sind:

- Start- und Zielereignis (Ausgangs- und Endzustand)
- Teilprozesse
- Aktivitäten
- Mitarbeitende bzw. Rollen
- Ressourcen
- weitere wichtige Prozessbestandteile (wie z.B. Dokumente)
- Anderes

Für all diese Strukturelemente gibt es BKM-Karten mit entsprechender Farbe und eindeutigem Aufdruck (siehe Abb. S. 27 und S. 28). Es ist wichtig, dass die unterschiedlichen Strukturelemente durch die verschiedenen Papierfarben auf einen Blick zuzuordnen sind. Diese klare Organisation und Ordnung auf dem Tisch, zusätzlich zur systematischen Vorgehensweise beim Modellieren, kommt der Arbeitsweise des menschlichen Gehirns entgegen, so dass es für konzentrierte und bei der SOLL-Modellierung auch kreative Denkarbeit frei wird.

Es ist wichtig, dass die Workshop-Teilnehmer die Arbeitsprinzipien der BKM gut verstehen. Wer möchte, kann diese auf einem Handout oder auf der Pinwand präsent halten. Es ist gut, wenn BKM-Neulinge sich damit vertraut machen, denn diese Prinzipien sind eine wesentliche Grundlage der wirksamen Arbeit mit der BKM.

Arbeitsprinzipien der BKM

- **Prinzip Partizipation:** Alle am Prozess Beteiligten sind unabhängig von Hierarchieebene oder Abteilungsgrenze eingeladen und aufgefordert, aktiv mitzuarbeiten. In jedem BKM-Workshop befinden sich nur wichtige Prozessexperten (unabhängig von Hierarchieebene und Funktion), und jeder von ihnen hat kostbares Wissen, das gebraucht wird und eingebracht werden soll.

- **Prinzip Reflexion:** Verbesserungsmöglichkeiten und -notwendigkeiten werden durch die Prozessmodellierung sichtbar gemacht und können von allen reflektiert werden. Unausgeglichenheiten fallen auf und werden bearbeitet.

- **Prinzip Lösungsorientierung:** Die Aufmerksamkeit liegt dabei auf dem Funktionierenden. In dem, was gut läuft, findet man die Antwort und Kraft, um weniger Optimales zu verbessern. Problem(-Analyse)-Orientierung, als Gegensatz zur Lösungsorientierung, ist nur bei außerordentlich groben Prozessmängeln eine hilfreiche Herangehensweise. Und auch in solchen Fällen lohnt es sich, so früh wie möglich (nämlich sobald das Problem klar ist) die Aufmerksamkeit wieder der zum Überwinden des Problems erforderlichen Zielsetzung zuzuwenden und alle Energie der Arbeit darauf zu konzentrieren, das Ziel zu erreichen.

Grundregeln

Der Erfolg ist nur sichergestellt, wenn während der Prozessmodellierung die folgenden Regeln beachtet werden:

- Prozesswissen wird von allen für alle sichtbar offengelegt.
- Jeder bringt sich ein und teilt so sein Prozesswissen mit, zuerst vor allem schriftlich mit den BKM-Karten, und auf dieser Grundlage dann auch mündlich.
- Jeder Input ist grundsätzlich gleichwertig und wird wertschätzend aufgenommen; Widersprüchliches wird ohne Wertung entgegengenommen und situationsbedingt berücksichtigt (z.B. als Darstellung verschiedener Varianten).
- Das, was auf der Grundlage eines BKM-Prozessmodells besprochen wird, ist genauso wichtig, wie das BKM-Prozessmodell selbst; schliesslich geht es bei der BKM nicht nur um das „Bewegen von BKM-Karten“, sondern auch um das „Bewegen“ von Einstellungen und Verhalten.

Modellierungsworkshop

Ein Workshop zur Erstellung eines Prozessmodells umfasst beim vereinfachten BKM-Modellierungsverfahren für IST-Prozesse acht Schritte (zum Ablauf des Modellierens siehe auch Abb. 5 auf Seite 43):

1. Identifikation des Startereignisses.
2. Identifikation des Zielereignisses.
3. Identifikation der Teilprozesse.
4. Identifikation der Aktivitäten pro Teilprozess.
5. Wer führt die Aktivitäten durch?
6. Was wird für die Aktivität benötigt?
7. Identifikation weiterer Aktivitätsdetails.
8. Anderes von Bedeutung, wie z.B. Quantitäten und spezielle Ressourcen.

Damit die BKM-Modellierung ihren maximalen Nutzen entfalten kann, sind einige einfache, aber erfolgskritische Regeln zu beachten:

- Die Bildkarten sind mit großer Schrift in Druckbuchstaben oder Großbuchstaben gut leserlich zu beschriften.
- Die Information auf jeder Karte soll kurz und prägnant sein, für alle Teilnehmer leicht zu verstehen. Ideal sind ein bis sechs Worte.
- Auf jede Karte kommt nur die Beschreibung eines Prozessobjekts (wie z.B. einer Aufgabe; es können mehrere gleiche Karten mit verschiedenen Prozessobjekten je nach Art neben- oder untereinander aufgelegt werden).
- Die Information auf der Karte (z.B. Bezeichnung einer Aufgabe) erfolgt in der Kartenmitte; der obere und der untere Kartenteil soll für andere Prozessinformation frei bleiben.

- Jeder Modellierungsschritt ist vor Beginn des nächsten ganz abzuschließen (wo es viele Aspekte gibt, hilft möglicherweise eine offene Frage wie „Gehört sonst noch etwas dazu?“ bevor man zum nächsten Schritt weiter geht).

Schritt 1: Identifikation des Startereignisses

Dieser Schritt definiert den Beginn des Geschäftsprozesses. Das Startereignis löst den Geschäftsprozess aus und kommt von außen. Damit es geschieht tut kein Prozessbeteiligter etwas. Deshalb wird das Startereignis als Zustand formuliert, z.B. „Die Bestellung ist eingegangen“ und auf eine gelbe Karte *Start-/Ziel-Ereignis* geschrieben. In diesem Fall wird das Wort *Ziel* durchgestrichen.

Wo im Geschehen das Startereignis festgelegt wird, ist sehr wichtig und vom Zweck der Modellierung abhängig. Bei der IST-Modellierung geht es darum, das Startereignis eines Prozesses so zu erfassen, wie es aktuell ist. Wenn es aber um eine SOLL-Modellierung geht, bringt es viel, sich eingehend damit auseinanderzusetzen, wo es am besten sein soll. Das kann einen gewaltigen Unterschied für den Prozesserfolg (und in der Folge für die ganze Firma) machen. Bei der IST-Modellierung geht es jedoch zuerst einmal darum, den jetzigen Zustand exakt so zu erfassen, wie er eben gerade ist.

Da es in diesem Beispiel um IST-Modellierung geht, ist es wichtig, die aktuelle Prozessrealität abzubilden, in diesem Fall also das Startereignis, das aktuell gewöhnlich den IST-Prozess auslöst. IST-Modellierung bringt viel. Um zielgerichtet im SOLL arbeiten zu können, ist ein umfassendes Verständnis des IST-Zustandes unumgänglich. Ohne dieses solide Fundament wird SOLL-Modellierung leicht zum von der Realität losgelösten Luftschloss, was nicht selten eine harte (und obendrein kostspielige) Landung bei der Prozessumsetzung nach sich zieht. Zudem hilft IST-Modellierung schon jetzt funktionierende Prozesselemente zu erkennen und bei der SOLL-Modellierung zu berücksichtigen.

Schritt 2: Identifikation des Zielereignisses

Mit dem Zielereignis ist der Geschäftsprozess abgeschlossen. Auch dieses Ereignis wird auf einer eigenen gelben Karte *Start-/Ziel-Ereignis* als Zustand eingetragen, z.B. „Die Ware ist beim Kunden eingetroffen." In diesem Fall ist das Wort *Start* durchzustreichen.

Was weiter mit der Ware geschieht, ist im betrachteten Fall nicht mehr Teil des Prozesses. Die sorgfältige Festlegung des Zielereignisses ist ebenso wichtig wie die des Startereignisses. Das Zielereignis definiert den Punkt, ab welchem man keinen Einfluss mehr auf den Prozess nehmen kann oder will. Bei der IST-Modellierung ist das gegenwärtige Zielereignis aufzuschreiben. Bei der SOLL-Modellierung lohnt es sich auch, das Prozessende wohlbedacht festzulegen.

Schritt 3: Identifikation der Teilprozesse

Teilprozesse sind Gruppen von zusammengehörenden Tätigkeiten, die gemeinsam einen kleinen Prozess innerhalb des Gesamtprozesses bilden.

In diesem Schritt werden die einzelnen Teilprozesse, die vom Start- zum Zielereignis führen, in der Reihenfolge ihres Auftretens identifiziert. Sollte man später im Prozess feststellen, dass ein Teilprozess vorne vergessen wurde, ist das mit der BKM kein Problem. Man schiebt einfach die Karten an der betreffenden Stelle auseinander und fügt den vergessenen Prozessteil ein. Da es sich bei Teilprozessen auch um Tätigkeiten handelt, ist es hilfreich, bei der Formulierung Verben zu verwenden, wie z. B. „Verkauf durchführen". Namen von Organisationseinheiten ohne ein Verb zu verwenden (wie z.B. „R&D") oder Zustandsbeschreibungen gehören nicht auf Teilprozess-Karten.

Die Teilprozesse werden auf ziegelroten Karten mit der Aufschrift *Teilprozess* festgehalten. Diese Karten werden waagrecht zwischen der Start- und Zielereigniskarte aufgelegt.

Schritt 4: Identifikation der Aktivitäten/Teilprozess

Jeder Teilprozess besteht aus einer Anzahl von Aktivitäten oder Prozessschritten. Je nach Modellierungszweck sind die Aktivitäten allgemeiner oder detaillierter zu erfassen. Es ist die Aufgabe des Moderators, darauf zu achten, dass in der gesamten Prozessmodellierung der erforderliche Detaillierungsgrad erreicht wird. Eine zu hohe Differenzierung bedeutet unnötigen Aufwand ohne zusätzlichen Nutzen, bei einem zu niedrigen Detallierungsgrad fehlen hingegen in der Folge wichtige Informationen. Beides bewirkt unnötige Frustration und Kosten.

Die Karten für Aktivitäten sind hellblau und haben die Aufschrift *Aktivität* (teils mit der Zusatzbezeichnung *Prozessschritt*). Da auch hier etwas zu tun ist, sollten auch die Tätigkeiten auf diesen BKM-Karten jeweils mit einem Verb beschrieben werden. Wichtig ist weiters, dass auf diese Karten nur geschrieben, wird, *was* getan wird. Das *wer* und *wie* wird später auf anderen Karten festgehalten. Die hellblauen Karten für die einzelnen Aktivitäten werden unter dem Teilprozess, zu dem sie gehören, waagrecht aufgelegt. Das bedeutet, dass alle nachfolgenden Teilprozesse und die Zielkarte um die Anzahl der zusätzlichen Aktivitätskarten nach rechts verschoben werden.

So wird ein Teilprozess nach dem anderen abgearbeitet. Erst wenn alle Teilnehmer der Meinung sind, dass alle Aktivitäten im richtigen Detaillierungsgrad sowie komplett und korrekt erfasst sind, wird zum nächsten Teilprozess übergegangen.

Die IST-Modellierung soll eine möglichst genaue Abbildung der Unternehmenswirklichkeit sein. Nur das ist eine optimale Grundlage für Prozessverbesserung. Denn nur wer neben dem gewünschten Zielpunkt (verbesserter Prozess) auch die Ausgangssituation kennt, kann den exakten Weg zum Ziel bestimmen. Aus diesem Grund soll hier erfasst werden, wie der betreffende Prozess wirklich abläuft und nicht, wie er wünschenswert wäre oder in irgendwelchen Handbüchern oder Ablaufdarstellungen beschrieben ist.

Schritt 5: Wer führt die Aktivität durch?

Als nächster Schritt werden die Rollen bzw. Personen erfasst, die die einzelnen Aktivitäten ausführen. Je eine Person oder Rolle wird dabei auf eine pastellgrüne Karte mit der Bezeichnung *MitarbeiterIn/Rolle* geschrieben. Gibt es mehrere Personen, die ein und dieselbe Tätigkeit ausführen, dann wird gewöhnlich deren Rolle (bzw. Funktions- oder Stellenbezeichnung) auf die Karte geschrieben. Wenn nur eine Person eine bestimmte Aktivität ausführt, dann kann auch die Nennung des Namens hilfreich sein. Führen mehrere Personen eine Aktivität gemeinsam aus, dann erhält jede Person eine eigene Karte. Führt eine Person mehr als eine Aktivität durch, dann ist eine Karte mit ihrem Namen für jede Aktivität, die sie durchführt auszufüllen. Die *MitarbeiterIn/Rolle*-Karten werden *unter* die jeweilige Aktivitätskarte gelegt.

Schritt 6: Was wird für die Aktivität benötigt?

Nun ist geklärt, was zu tun ist (hellblaue Karte) und wer es macht (pastellgrüne Karte). Als Nächstes ist festzuhalten, wie, also mit welchen Hilfsmitteln, die Aktivität durchgeführt wird. Dafür sind rosa Karten mit dem Aufdruck *Ressource* vorgesehen. Hilfsmittel wie Telefon, PC, Schreibtisch usw. werden gewöhnlich nicht ausdrücklich erwähnt, da sie zur Standardausstattung eines modernen Arbeitsplatzes gehören. Aufgeschrieben wird nur, was zusätzlich gebraucht wird oder besonders zur Verfügung gestellt werden muss. Auch hier soll auf jeder Karte nur eine Ressource sein.

Alle rosa Ressourcenkarten, die zu einer Aktivität gehören, werden senkrecht unter der betreffenden Aktivität unterhalb der Mitarbeiterkarten abgelegt.

Schritt 7: Identifikation weiterer Aktivitätsdetails

Spezielle Hilfsmittel, die auch zur Durchführung der Aufgabe nötig sind, können noch spezifischer benannt werden. Oft finden die weißen Karten mit dem Aufdruck *Dokument* Verwendung. Diese Karte wird genutzt, um ein Papierdokument zu nennen, das zur Durchführung der

Aktivität benötigt wird. (Manchmal kann es Sinn machen, auch digitale Dokumente auf diese Weise darzustellen). Die Dokumentkarten werden jedoch nicht verwendet, um das Ergebnis oder einen Teil des Ergebnisses der betreffenden Aufgabe (also eigentlich einen Prozess-output) aufzuschreiben. Prozessoutput wird je nach Bedarf gesondert auf Karten mit dieser Aufschrift erfasst.

Schritt 8: „Anderes“

Wird sonst noch etwas benötigt, um die Aktivität durchführen zu können, gibt es dafür die lila Bildkarte mit dem Aufdruck *Anderes.* Damit kann alles abgedeckt werden, was noch fehlt. Alle Dokument- und Andere-Karten werden der betreffenden Aktivität zugeordnet und senkrecht unterhalb der Ressourcen-Karten abgelegt (Wenn keine solche vorhanden ist unter der Mitarbeiter-Karte).

Ein ganz großer Vorteil der BKM ist, dass sie auf jeden speziellen Fall und für jede Situation und alle denkbaren Bedürfnisse anpassbar ist, ganz gleich um welche Prozesse, welchen Berufszweig oder welche Organisation es sich handelt. Zudem existiert eine Fülle von verschiedenen Modulen, um fachgerecht mit Prozessen umzugehen, ganz gleich, ob es um IST- oder SOLL-Prozesse, um Prozessverbesserung oder –erneuerung oder um manuelle oder IT-gestützte Prozesse geht. Der große Produktionsbetrieb profitiert nachweislich genauso von der BKM wie Lehr- und Forschungseinrichtungen oder kleine Not-For-Profit-Organisationen wie z. B. Stiftungseinrichtungen zur Wiedereingliederung von Arbeitslosen ins Berufsleben. Bei Interesse können unter info@gappbridging.com weitere Informationen eingeholt werden.

Kennzeichnung der Karten nach ihrer Position (Nummerierung)

Jede Karte hat im Kopfbereich vier kleine Kästchen, zwei links und zwei rechts, die eine Kennzeichnung gemäß der Position der Karte innerhalb des Prozessmodells aufnehmen soll.

Zuerst wird die erste Zeile der aufgelegten Karten gekennzeichnet. Start- und Zielereignis bleiben leer, ihre Position ist eindeutig. Die ziegelroten Karten der Teilprozesse werden der Reihe nach von links nach rechts im Kästchen ganz links mit römischen Zahlen gekennzeichnet. Diese römische Zahl wird auf jeder diesem Teilprozess zugeordneten Karte zu finden sein.

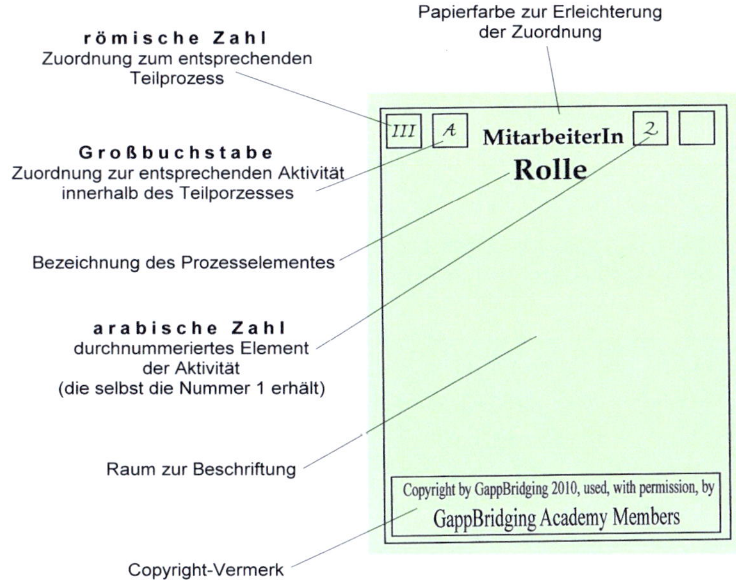

Abb. 4 Nummerierung und Aufbau einer BKM-Karte

Als nächstes werden die hellblauen Aktivitätenkarten im ersten Kästchen mit der römischen Zahl des Teilprozesses gekennzeichnet, zu dem sie gehören. Das zweite Kästchen auf der linken Seite nimmt dann die Kennzeichnung der Aktivität innerhalb des Teilprozesses auf. Die Aktivitäten eines Teilprozesses werden der Reihe nach mit Großbuchstaben gekennzeichnet.

Danach werden die Karten unterhalb einer Aktivität gekennzeichnet. Zuerst erhalten sie in den zwei Kästchen links die Kennzeichnung des Teilprozesses zu dem sie gehören (Römische Zahl im ersten Kästchen) und der Aktivität, zu der sie gehören (Großbuchstabe im zweiten Kästchen). Dann erhalten sie im dritten Kästchen, beginnend mit der

Aktivitätskarte selbst, von oben bis unten fortlaufend arabische Zahlen. In diesem Schritt wird nicht zwischen den verschiedenen Kartenarten unterschieden. Das vierte Kästchen bleibt frei, es findet bei den komplexeren Modulen Verwendung.

Nach der Modellierung

Sobald der Prozessablauf zur Zufriedenheit aller Beteiligten vollständig und korrekt auf BKM-Karten dargestellt ist und alle Karten die richtige Kennzeichnung tragen, ist die Modellierung des IST-Zustandes eines Prozesses beendet. Auf dieser Grundlage kann man eine BKM-gestützte Analyse durchführen, die hier aber nicht beschrieben wird. Diese Analyse hat zum Ziel, einige Sofortmaßnahmen mit möglichst geringem Aufwand und hohem Nutzen herauszukristallisieren. Solche Maßnahmen unterstützen schrittweise Prozessverbesserung, vor allem wenn sie regelmäßig erarbeitet werden. Zudem bewirken sie unter den Mitarbeitenden einen frischen Wind und schaffen durch den Erfolg Optimismus, dass das, was mit der BKM im Rahmen von Prozessmanagement angestrebt wird, gut und erfolgbringend ist. Eine daraus resultierende emotionale Unterstützung der breiten Basis ist für wirksames Geschäftsprozessmanagement Gold wert.

Zum Aufbewahren und späteren Wiederverwenden des fertigen Prozessmodells werden die BKM-Karten in der Reihenfolge gestapelt, in der sie aufgelegt wurden. Obenauf kommt eine Karte mit der Bezeichnung des modellierten Prozesses als Deckblatt und Titel. Unmittelbar darunter liegt die gelbe Karte des Startereignisses als erste, gefolgt von der ebenfalls gelben Karte des Zielereignisses. Danach folgen die ziegelroten Karten der Teilprozesse von links nach rechts. Anschließend werden die hellblauen Karten der Aktivitäten von links nach rechts daruntergelegt. Die zu jeder Aktivität gehörenden Karten werden danach spaltenweise von oben nach unten darunter gestapelt. Das korrekte Stapeln zeigt die folgende Grafik. Dabei kommt die Nummer 1 zuoberst und die Karten werden in der gezeigten Reihenfolge daruntergelegt.

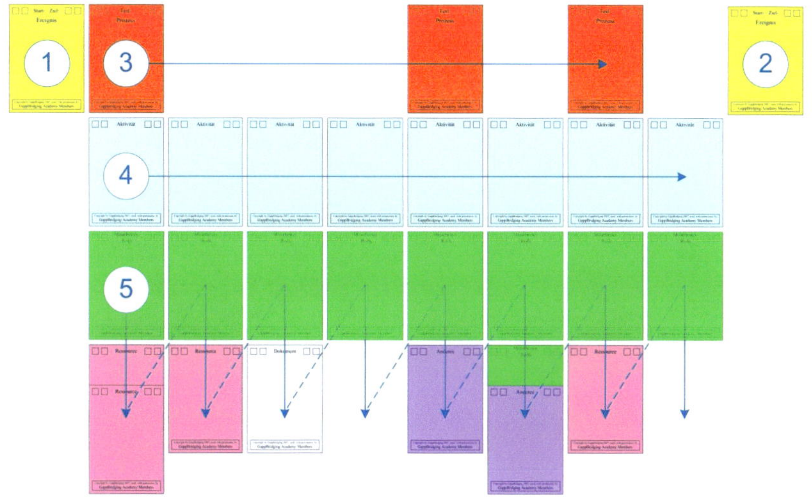

Abb.5 Das Stapeln folgt dem Ablauf beim Modellieren und Wiederauflegen

Da das Stapeln der BKM-Karten dem Ablauf der vereinfachten IST-Modellierung und der Prozesslogik entspricht, zeigt Abbildung 5 auch die Vorgehensweise beim Modellieren selbst. Das systematische Stapeln für einfaches und korrektes Wiederauflegen der BKM-Karten für weitere Prozessgestaltung macht klar, dass die BKM ein Entwicklungs-tool und nicht nur eine Abbildungsmethode ist.

Es ist sinnvoll, auf die oberste Karte die Dimension des Prozess-modells zu schreiben (gesamte Kartenanzahl waagrecht mal gesamte Kartenanzahl senkrecht), damit der Moderator schon zu Beginn des nächsten Auflegens des Modells den Platzbedarf abschätzen und die Karten richtig auf dem Tisch platzieren kann und nicht nachträglich, die Aufmerksamkeit gefährdend, viel herumschieben muss.

STANDARDMODULE
DER
BKM
WERTSCHÖPFUNG
SICHTBAR ANDERS
SPÜRBAR BESSER
Neue Erfindung
QUICK WINS
MIT GROSSEM NUTZEN
PROZESS-
ERNEUERUNG
wirksame
schrittweise
Optimierung
UMSETZUNGS-
MODELLIERUNG
SOLL-DETAIL
MODELLIERUNG
PROZESS-
VERBESSERUNG
SOLL-RAHMEN-
MODELLIERUNG
VISIONSENTWICKLUNG
MASSNAHMENPLANUNG
AUFBRUCH
IST-ANALYSE
IST-DETAILMODELLIERUNG
IST-ÜBERBLICKSMODELLIERUNG

Standardmodule der BKM

Wie oben bereits erklärt, ist der erste Schritt in der Prozessarbeit die exakte Feststellung der gegebenen IST-Situation. Für die wirksame Verbesserung typischer Geschäftsprozesse gibt es eine international bewährte Abfolge von BKM-Modulen.

Im IST besteht sie aus den Modulen

- IST-Überblicksmodellierung
- IST-Detailmodellierung
- IST-Analyse.

Soll ein Prozess vollständig erneuert oder neu geschaffen werden, geschieht dies durch die SOLL-orientierten BKM-Module

- Visionsentwicklung
- SOLL-Rahmenmodellierung
- SOLL-Detailmodellierung
- Umsetzungsmodellierung.

Zusätzliche BKM-Module, die Prozessmanagement bei speziellen Bedarfen wirksam unterstützen, sind Module wie

- Maßnahmenplanung
- Unternehmenprozessmodell-Erstellung
- Variantenbearbeitung
- Integrierte Prozessverbesserung.

IST-Überblicksmodellierung

Das Überblicksmodell wird von allen wesentlichen Prozessbeteiligten – meistens mittlere Führungskräfte - gemeinsam erarbeitet und ist eine grobe Abbildung des gesamten Geschäftsprozesses. Dabei werden die einzelnen Teilprozesse mit den zugehörigen wesentlichen Aktivitäten identifiziert („Kernaktivitäten") und die für die einzelnen Teilprozesse wichtigsten Know-how-Träger abgebildet (Schlüsselpersonen/-rollen). Damit entsteht einerseits ein Überblick über die zu modellierenden Prozesse und Teilprozesse, andererseits gibt das Überblicksmodell Auskunft über die Mitarbeitenden in den einzelnen Teilprozessen, die bei der weiteren Prozessarbeit berücksichtigt werden sollen. Das sind wichtige Arbeitsergebnisse, die im Verlauf der Detailarbeit immer wieder von Bedeutung sein werden.

Die Überblicksmodellierung ist damit in vielerlei Hinsicht eine wichtige Grundlage für die nachfolgenden Detailmodellierungen. Aus ihr stammen wesentliche Eckdaten für die zu modellierenden Teilprozesse, wie beispielsweise die Information, welche Mitarbeitenden in die jeweiligen Workshops für die Detailarbeit eingeladen werden sollen. Das BKM-Überblicksmodell hilft auch, das „große Ganze" nicht aus den Augen zu verlieren und findet während der Detailarbeit als Referenzrahmen Verwendung.

IST-Detailmodellierung

Die IST-Detailmodellierung eines Teilprozesses wird auf der Grundlage des Überblicksmodells geplant, in dem auch die wesentlichen Mitarbeitenden der verschiedenen Teilprozesse ersichtlich sind. So weiß man, wer zusätzlich zu den Prozessexperten des im Detail zu modellierenden Teilprozesses noch in den Modellierungsworkshop einzuladen ist (gewöhnlich zumindest je ein Vertreter des vor- und nachgelagerten Teilprozesses).

Je nach dem angestrebten Zweck der IST-Modellierung muss man mehr oder weniger detailliert abbilden. Grundsätzlich sind erfolgskritische Prozessteile in größerer Detailliertheit zu erfassen als nebensächliche.

Die BKM IST-Detailmodellierung wird in einem Workshop pro Teilprozess mit dem dafür zuständigen Personenkreis erstellt. Grundlage bildet zwar die Überblicksmodellierung, doch bleiben deren Karten unangetastet. Die für den zu modellierenden Teilprozess wesentlichen Karten des Überblicksmodells werden abgeschrieben, damit das Überblicksmodell intakt bleibt und auch nach Abschluss aller Detailmodellierungen noch vollständig zur Verfügung steht.

Es gibt für die IST-Detailmodellierung noch weitere Karten, um alle Einzelheiten in typischen Geschäftsprozessen optimal beschreiben zu können. Diese wurden in der vereinfachten IST-Modellierung nicht vorgestellt, um die Beschreibung nicht unnötig komplex werden zu lassen.

IST-Analyse

Auf der Grundlage der IST-Detailmodellierung wertet eine speziell zusammengestellte Mitarbeitergruppe in einem Workshop die Erfahrungen und Erkenntnisse bezüglich des erhobenen Teilprozesses aus. Die wesentlichen Stärken und Schwächen werden dabei genauso erhoben wie relevante Quantifizierungen durchgeführt. Die von den Teilnehmern kommenden Lösungsideen werden schriftlich auf den dafür vorgesehenen BKM-Karten festgehalten. Den Abschluss bildet eine Aufwand-Nutzen-Bewertung der jeweiligen Lösungsidee, aufgrund derer die wirksamsten Maßnahmen ermittelt werden („Quick Wins"). Die besondere Systematik dieser BKM-Analyse sichert eine ausgewogene Nutzung der Erfahrungen und baut auf der Stärke einer optimalen Zusammensetzung der Workshop-Teilnehmer auf, die mit Hilfe der Überblicksmodellierung ermittelt wurde.

Visionsentwicklung

Die Visionsentwicklung unterscheidet sich grundlegend von der IST-Modellierung. Hier kann man – wie bei der SOLL-Modellierung insgesamt – nur mehr sehr eingeschränkt auf bisherige Erfahrungen zurückgreifen. Es geht bei der Visionsentwicklung darum, herauszufinden, welche Eigenschaften der neue Prozess haben sollte und realistisch haben kann. Die große Herausforderung der Visionsentwicklung ist, von einer sequenziell-logischen Arbeitsweise (rechte Gehirnhälfte) in einen kreativ-offen denkenden Arbeitsrhythmus (linke Gehirnhälfte) zu kommen. Das bewirkt einen radikalen Wechsel in der

Art der Arbeit, der vom Moderator erleichtert werden muss. Der Wechsel von der IST-Modellierung zur Visionsentwicklung als erstem Schritt in die SOLL-Orientierung ist ein wenig wie der Wechsel von einem Militärmarsch zu einem Hochzeitswalzer.

Die eigentliche Visions-Entwicklung wie sie am Anfang dieses BKM-Moduls stattfindet, darf nicht durch logische Überlegungen oder mentale Selbstzensur eingeschränkt werden. Die im zweiten von fünf Schritten dieses Moduls erstellte Prozessvision ist ein Wunschbild, in unserem Fall das Wunschbild des idealen Prozesses und seiner Rahmenbedingungen. Bei Wünschen spielen Gefühle eine große Rolle, zuerst einmal losgelöst von aller Machbarkeit und Realität. Wie wäre der Prozess, wenn alles ideal wäre, jede Ressource zur Verfügung stünde? Für die Vision eines komplexen Vorgangs ist es nötig, den Prozess ganzheitlich intuitiv zu erfassen. Selbstzensur durch Überlegung der Machbarkeit grenzt die Kreativität ein und könnte damit realisierbare Möglichkeiten (und damit auch wirksame Verbesserungen) unnötigerweise ausschließen, bloß weil man nicht von vornherein eine machbare Lösungsmöglichkeit sah, die jemand anderes aber sehr wohl beitragen könnte, wenn er oder sie mit dem Wunschbild konfrontiert würde.

Der Kreativität zu freiem Fluss zu verhelfen und alle Workshop-Teilnehmer zu bewegen, sich an der Entwicklung einer gemeinsamen Vision aktiv zu beteiligen, ist eine der anspruchsvollsten Aufgaben des Moderators. Natürlich sind vor und nach der Visionsentwicklung Arbeitsschritte in diesem Modul vorgesehen, die sehr wohl auf der rationalen, realitätsgebundenen Ebene stattfinden. Um sowohl die rationalen, als auch die visionären Anteile der Visionsentwicklung unter einen Hut zu bringen ist es wichtig, genügend Zeit und Sorgfalt in dieses Modul zu investieren. Die Visionsentwicklung ist das Fundament, auf dem der neue SOLL-Prozess entstehen wird. Eine solide und umfassende Grundlage ermöglicht ein begeistertes darauf Aufbauen und verhindert, dass der neu entstehende SOLL-Prozess unnötigerweise von Beginn an auf wackligen Beinen steht.

Auch für die Visionsentwicklung existieren bewährte BKM-Bildkarten, die das Nachdenken, Erfühlen und Arbeiten im neuen SOLL stimulieren und erleichtern.

SOLL-Rahmenmodellierung

Auf der Grundlage der in der Visionsentwicklung erarbeiteten realistischen und wünschenswerten Eigenschaften des neuen SOLL-Prozesses wird nun unter Nutzung allen nötigen Expertenwissens und der Erfahrung von Prozessexperten, die von außerhalb oder innerhalb der eigenen Organisation kommen, ein neuer, realisierbarer SOLL-Prozess entwickelt. Vertreter von Prozesskunden zählen zu den hilfreichsten Teilnehmern bei der SOLL-Modellierung In der SOLL-Rahmenmodellierung wird grob skizziert, wie der zukünftige Prozess konkret aussehen wird.

Bei der Erstellung dieses „Überblicksmodells" im SOLL geht es darum, mit den zugänglichen Firmenressourcen und -realitäten den Rahmen für den optimalen neuen SOLL-Gesamtprozess zu erarbeiten. Dabei ist ganz anders vorzugehen, als bei der IST-Überblicksmodellierung. Schließlich wird hier Neues geschaffen, ganz im Gegensatz zur Arbeit im IST, wo Vorhandenes im Wesentlichen nur bedarfsgemäß und realitätskonform abgebildet werden muss. Die in diesem Modul verwendeten BKM-Karten ermöglichen, dass Vision und Realität auf den größtmöglichen gemeinsamen Nenner gebracht werden und laden ein, kreative Win-win-Lösungen, die umfassende Machbarkeit aufweisen, zu erarbeiten.

Auch bei der SOLL-Modellierung wird auf spielerisch leichte Zusammenarbeit mit BKM-Unterstützung geachtet, obwohl das Schaffen von hoch-qualitativem Neuem und von Akzeptanz dieses neuen Arbeitsergebnisses immer mit spürbarer Anstrengung verbunden ist.

SOLL-Detailmodellierung

Damit der neue SOLL-Prozess realisiert werden kann, müssen die einzelnen Teilprozesse im Detail erarbeitet werden. Das geschieht in der SOLL-Detailmodellierung, für die sich (wie bei allen anderen BKM-Modulen auch) aus der Erfahrung vieler Jahre eine bewährte Vorgehensweise mit entsprechenden Bildkarten entwickelt hat.

Der fertig modellierte SOLL-Prozess ähnelt optisch dem Ergebnis der IST-Modellierung. Neben einigen speziellen Merkmalen der Prozessbeschreibung ist der größte Unterschied der, dass die SOLL-Modellierung einen Prozess darstellt, den es so noch nicht gibt.

Deshalb sind als nächster Schritt Maßnahmen zu planen, die den neuen SOLL-Prozess zur Realität werden lassen. Dies geschieht mit der Umsetzungsmodellierung.

Umsetzungsmodellierung

Wenn der neue SOLL-Prozess fertig modelliert ist, stellt sich die Frage, was alles geschehen muss, um die notwendigen Prozessveränderungen umzusetzen. Obwohl die aktive Teilhabe aller bei der SOLL-Modellierung mit der Bildkartenmethode die Qualität und Akzeptanz des SOLL-Prozesses sichtbar positiv beeinflusst, so ist trotzdem noch ein wichtiger Schritt zu bewältigen.

Der gewünschte SOLL-Prozess liegt in allen Einzelheiten gemäß seiner Zielsetzung fertig erarbeitet vor. Dieses Bildkartenmodell wird nun dazu verwendet, alle Maßnahmen für die Einführung des neuen Prozesses zu erarbeiten: Was gemacht werden muss, damit die einzelnen entworfenen Prozesselemente Wirklichkeit werden, wer was dabei macht und bis wann wem über den Umsetzungsfortschritt berichtet wird. Diese Daten werden auf speziell dafür vorgesehenen Bildkarten festgehalten, die als umfassende Grundlage für den Projektplan zur Einführung des neuen Prozesses dienen.

Mit diesem BKM-Modul wird die Einführung eines neuen Prozesses selbst als ausgefeilter Prozess behandelt. Hier (wie bei allen anderen Modulen auch) liegt das Ergebnis am Ende als handlicher, übersichtlicher Bildkartenstapel vor, der jederzeit genutzt und eingesehen werden kann und so die Einführung des SOLL-Prozesses spürbar unterstützt.

Beispielhaft für die vielen weiteren BKM-Module wird nachfolgend das so einfach wie vielseitig einsetzbare BKM-Modul Maßnahmenplanung beschrieben.

Maßnahmenplanung

Wenn man durch die systematische BKM-Analyse die Verbesserungspotentiale eines Prozesses kennengelernt hat und weiß, wo der größtmögliche Nutzen durch die kleinstmöglichen Veränderungen erzielt werden kann, hat man die Grundlage für erste deutlich merkbare und messbare Verbesserungen geschaffen. Diese finden – gemeinsam mit Hilfe einer einfache Matrixanalyse identifiziert – in einem Maßnahmenplan ihren Ausdruck. Auch hier fördert die Einbindung aller wesentlichen Prozessbeteiligten die Umsetzung der vorgeschlagenen Verbesserungen erfahrungsgemäß spürbar. Allen Beteiligten fällt es so leichter zu verstehen, zu akzeptieren und voll mitzutragen.

Die BKM-Maßnahmenplanung erleichtert es allen Mitarbeitern, die an einem Prozess beteiligt sind (den lokalen Prozessexperten, wie sie im Kontext der BKM-Verwendung zurecht gerne genannt werden), sich auch bei der Umsetzung der vorgeschlagenen Prozessverbesserungen wirksam einzubringen. Und so wie die Umsetzungsmodellierung ein eigener BKM-Prozess ist, um einen neuen Prozess Arbeitsrealität werden zu lassen, so ist die BKM-Maßnahmenplanung ein eigener BKM-Prozess, um eine Verbesserungsmaßnahme leichter gemeinsam umsetzen zu können. Bei Prozessveränderung geht es ja nicht nur um das Verändern eines Arbeitsablaufs oder einer Stellenbeschreibung, es geht dabei – und das ist mindestens genauso wichtig wie das eben Genannte – um das Verändern von Bewusstsein und von Arbeitsverhalten. Dazu trägt Kooperation mit Hilfe der Bildkartenmethode nachweislich wirksam bei. Letztlich ist es auch der durch die umgesetzten Verbesserungen erzielte Erfolg, der die am Prozess beteiligten Arbeiter am meisten überzeugt, gemeinsam weiterhin am vereinbarten Prozess und an seiner Verbesserung zu arbeiten.

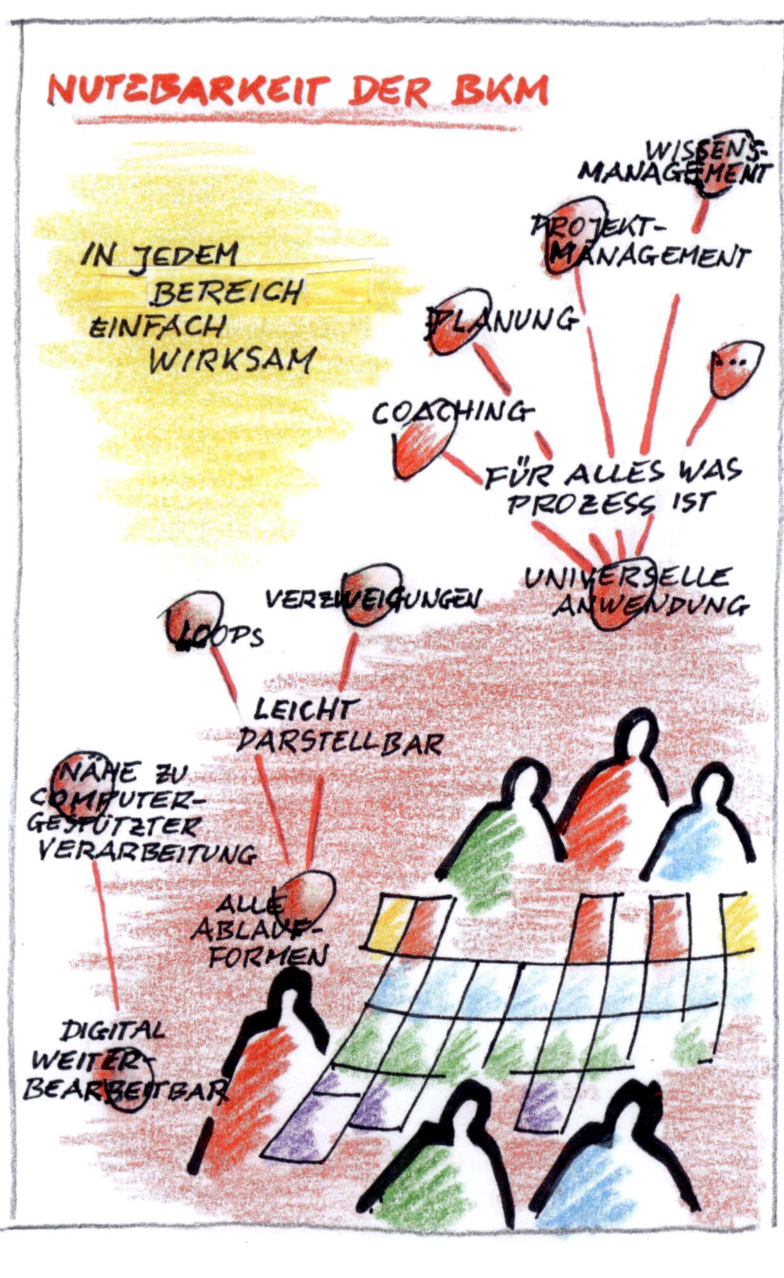
NUTZBARKEIT DER BKM
IN JEDEM BEREICH EINFACH WIRKSAM
WISSENS-MANAGEMENT
PROJEKT-MANAGEMENT
PLANUNG
...
COACHING
FÜR ALLES WAS PROZESS IST
UNIVERSELLE ANWENDUNG
VERZWEIGUNGEN
LOOPS
LEICHT DARSTELLBAR
NÄHE ZU COMPUTER-GESTÜTZTER VERARBEITUNG
ALLE ABLAUF-FORMEN
DIGITAL WEITER-BEARBEITBAR

Nutzbarkeit der BKM

Nähe zu computergestützter Verarbeitung

Da die Bildkartenmethode vor dem Hintergrund der ab Ende der Achtziger Jahre neu entstandenen IT-Unterstützungsmöglichkeiten von Prozessen entwickelt wurde (z.B. auf LAN- und Internet-Technologie aufbauende Informations- und Kommunikationssysteme), war es von Anfang an vorgesehen, die Ergebnisse der BKM-Modellierung als Basis für eine computergestützte Weiterbearbeitung zu verwenden. Zu den BKM-Nutzern der ersten Stunde zählten deshalb auch internationale IT-Unternehmen oder IT-Großanwender.

Heutzutage werden viele Prozesse, die zahlreiche Mitarbeiter, Daten und Aktionen betreffen, mit Hilfe solcher Informations- und Kommunikationssysteme gelenkt und durchgeführt. Bildkarten-Prozessmodelle, die genauso flexibel wie systematisch erarbeitet werden, sind so beschaffen, dass sie direkt als Grundlage für IT-gestützte Prozessimplementierung herangezogen werden können.

Die mit entsprechender Software abgebildeten Prozessschritte sind mit den betroffenen Prozessexperten gemeinsam mit der BKM erarbeitet worden und entspringen nicht den Ideen eines Programmierers oder eines leitenden Mitarbeiters. Damit sind sie exakt, relevant und beschreiben die Realität. So wird sichergestellt, dass das neue Programm der Prozesswirklichkeit entspricht und die Arbeit der Mitarbeitenden (die kostbarste Ressource jeder Organisation) auch wirklich unterstützt und erleichtert, was die Akzeptanz neuer IT-Unterstützung wesentlich erhöht. So wird das weit verbreitete Scheitern von IT-gestützten Neuerungen, die zwar durchwegs gut gemeint, aber leider oft an den Arbeitsrealitäten vorbei konzipiert sind, erfolgreich abgewendet. Die Informations- und Kommunikationstechnologie unterstützt nun die Mitarbeiter in einem optimalen Prozess, anstatt dass diese ihre Prozesse der IT anpassen müssen.

Die BKM-Bildkarten können auf einfache Weise alle möglichen Ablaufformen und komplexen Zusammenhänge in Prozessen darstellen. So kann man UND- und ODER-Verzweigungen sowie Verknüpfungen genauso einfach abbilden wie Schleifen (LOOP) und andere komplexe Prozessstrukturen.

Universelle BKM-Anwendbarkeit

Bei Prozessmanagement denkt man zuerst meist an Produktions- und Arbeitsabläufe in Firmen, Verwaltungen und Behörden. Genauer betrachtet ist das Leben jedoch angefüllt mit Prozessen aller Art. Häufig handelt es sich um Erkenntnisprozesse oder Prozesse zwischenmenschlicher Beziehungen in Familie, Vereinen etc. Auch hier ist die GappBridging Bildkartenmethode anwendbar und hat sich vielfach bewährt.

Fast alles, was der Mensch tut, ist ein Prozess. Man kann jeden Prozess mit Bildkarten abbilden. Die Anwendung der Methode schafft Klarheit und stimuliert und organisiert den Denkprozess, der so leichter und flüssiger abläuft und zu vollständigeren Ergebnissen führt.

Im Grunde kann fast alles durch die BKM geordnet abgebildet und optimiert werden. Jeder Prozess wird so auch für andere verständlich und transparent, die mit diesen Einblicken in den Prozess von ihrem fachfremden Expertenwissen und ihrer speziellen Perspektive ausgehend höchst hilfreiche Beiträge zur Verbesserung und sogar Erneuerung eines Prozesses beitragen können.

Durch die Anwendung der BKM von GappBridging wird das fruchtbare Zusammentreffen von Expertenwissen und Erfahrung aus ganz unterschiedlichen Bereichen zum System, das unerwartete Neuerungen stimuliert und deren Umsetzung im Rahmen der vorhandenen Ressourcen ermöglicht. Jeder denkt aus seiner persönlichen Perspektive und geprägt von seinen eigenen Erfahrungen mit. Das generiert Synergie, die begeistert und produktive Resultate bewirkt.

Coaching ist ein weiteres Anwendungsfeld, in dem sich die BKM in den vergangenen Jahren umfassend bewährt hat. Einerseits können viele wirksame Coaching-Konzepte mit Unterstützung der Bildkartenmethode noch hilfreicher eingesetzt werden. So lässt sich zum Beispiel das weithin angewandte GROW-Model (Goal – Zieldefinition; Reality – IST-Feststellung; Options – Ermittlung der Möglichkeiten, What's next – der Plan wird detailliert) sehr gut mit der BKM umsetzen. Andererseits zeigen viele spezielle Bildkartenmodule für die Planung, Umsetzung und Auswertung von Coaching das überaus gute Zusammenwirken der Ziele und Aufgaben des Coaching und der Möglichkeiten der Bildkartenmethode.

Auch Wissensvermittlung kann durch die Bildkartenmethode umfassend unterstützt werden, und zwar mit Karten, auf die zusätzlich die zu vermittelnden Inhalte aufgedruckt sind. Wichtige Inhalte systematisch aufbereitet im Kontext des großen Ganzen zu sehen, führt nicht selten zu ganz neuen Erkenntnissen. Bildkarten, die für Wissensvermittlung verwendet werden, können zudem nicht nur für eine persönliche Vertiefung des Gelernten systematisch genutzt werden, sondern auch für gezielte Wissensentwicklung zusammen mit anderen eingesetzt werden.

Manchmal geht es darum, in einer komplexen Situation eine Entscheidung zu treffen. Auch dabei kann die BKM helfen, indem sie einfach wirksam zu Klarheit beiträgt. Der große Vorteil einer so getroffenen Entscheidung ist, dass durch die logisch strukturierende Bildkartenmethode persönliche Präferenzen und Neigungen weniger bestimmend sind (es wird ja alles auf Karten geschrieben und diese werden Verständnis fördernd systematisch eingebracht) und sich so ein für den Anwender bestmögliches Ergebnis herauskristallisiert.

Im schulischen Umfeld kann die BKM – neben der allgemeinen Unterstützung von persönlichem und gemeinsamem Lernen – unter anderem eingesetzt werden, um verschiedenartigste Prozesse zu erforschen. Ob es dabei um geschichtliche Vorgänge geht, die zu einem Krieg führten, oder biologische Stoffwechselprozesse vermittelt werden, mit der BKM kann das Lernen vertieft werden, indem Wissen in kleinen, bewältigbaren Dosen systematisch strukturiert wird.

In der Familienberatung kann die BKM zum Beispiel Handlungsabläufe und Kommunikationsprozesse transparent machen und die Grundlage dafür legen, mit der BKM Möglichkeiten zur Bewältigung von Spannungen und anderen Herausforderungen bewusst zu machen. Familienmitglieder können mit Hilfe der BKM nicht nur einander eigene Perspektiven leichter vermitteln, sondern auch „besser sehen und spüren“ lernen, wie die andere Person denkt, fühlt, empfindet etc. Mit einem solchermaßen vertieften Bewusstsein fällt es leichter, Möglichkeiten zu sehen, wie Probleme bewältigt und Ziele erreicht werden können. Auch hier wird neben der Verständnis- und Lösungsqualität die Akzeptanz gesteigert, indem jedes Familienmitglied an der Lösungsentwicklung gleichwertig mitwirken kann und jeder für sich sehen kann, „wo der Hase im Pfeffer liegt“.

Erfolgsgeschichten

Alle geschilderten Beispiele stammen aus der internationalen Praxis von GappBridging. Sie illustrieren das breite Anwendungsspektrum der BKM.

Die BKM macht Spaß

Eine erfahrene Unternehmensberaterin, die die Methode während der Lehrtätigkeit des Autors an der Marriott School of Management (Brigham Young Universität, USA) kennengelernt hat, sagt über ihre Erfahrung mit der Bildkartenmethode:

„Es war interessant von der umfassenden Anwendbarkeit der BKM zu erfahren. Kürzlich habe ich eine Gruppe unserer Berater im Gebrauch der BKM ausgebildet (die Oracle/PeopleSoft Software in Einrichtungen der höheren Bildung einführen). Sie waren davon sehr angetan und einige von ihnen verwenden sie mit ihren Kunden."

Über ein riesiges Prozessoptimierungs-Projekt zur Universitätsorganisation an der Emory Universität in Atlanta, Georgia, mit dem sie befasst ist, sagt sie:

„Unsere Methode ist so aufgebaut, dass wir eine fit/gap-Analyse der laufenden Geschäftsprozesse und der Software unseres Kunden im Überblick durchführen. Wir meinen, das ist eine Gelegenheit, die BKM zu verwenden, wenn unser Kunde seine Prozesse nicht bereits dokumentiert hat.

In Phase II unserer Methodik fahren wir während der interaktiven Design- und Entwicklungssitzungen mit einer detaillierten fit/gap-Analyse fort. Das ist unsere zweite Gelegenheit, die BKM zu verwenden, wenn wir zukünftige Prozesse schaffen, die von der neuen Software unterstützt und erleichtert werden können. Dies ist besonders bei der Implementierung der Studenteninformationssysteme wirksam (genannt People Soft Campus Solutions Software). Indem wir Excel-Tabellen verwenden sind wir in der Lage, eine eigene Zeile für jede Rolle zu verwenden, was uns später dabei hilft, die Sicherheitsstufen für den Zugriff auf Daten nach Rollen festzulegen. Das hilft uns auch dabei zu wissen, welche Rollen von Änderungen in den Geschäftsprozessen betroffen sind.

Wir haben eine Beta-Trainingssitzung durchgeführt, bei der wir die BKM verwendet haben. Nun möchte unser anderer Vorstand für höhere Bildung, dass wir sie in den folgenden Trainingssitzungen mit all unseren Beratern (ungefähr 150 erfahrene Berater) weiterhin benutzen, beginnend mit jenen neuen Kundenprojekten."

Reicht eine Schreibkraft?

Ein Messeveranstalter in der Schweiz musste – wie das überall immer wieder der Fall ist – in einem Bereich einen Personalabgang kompensieren. Es stellte sich die Frage, welche Qualifikation die einzustellende Person brauchte. Die meisten Kollegen waren der Meinung, eine Schreibkraft würde benötigt werden, um den Fachkräften die große Last ihrer Verwaltungsarbeit abzunehmen, doch einige wenige bezweifelten, dass das zweckmäßig wäre, und wollten unbedingt eine neue Fachkraft einstellen.

Eine Analyse des zu bewältigenden Geschäftsprozesses mit Hilfe der Bildkartenmethode zeigte sehr deutlich auf (und das, ohne darüber viel reden zu müssen), dass zur Bewältigung der anstehenden Aufgaben eine Fachkraft nötig war. Alle direkt am Prozess Beteiligten kamen zum Schluss, dass eine Sekretärin bei zu vielen der Aufgabenstellungen des neuen Jobs die Hilfe einer Fachperson in Anspruch nehmen müsste und damit die Entlastung der Fachkräfte durch eine weitere Sekretärin nur gering wäre. Durch die Anwendung der BKM war eine folgenschwere Entscheidung überraschend in eine neue Richtung gelenkt worden. Ohne die BKM hätte sich die Mehrheit für eine weitere Sekretärin entschieden, was vor allem große zusätzliche Arbeitsbelastung bewirkt und den Geschäftserfolg gefährdet hätte. Mit der

BKM kam es zu einer einmütigen Entscheidung, deren Begründung allen Beteiligten klar vor Augen war und die gemeinsam erarbeitet und von allen mitgetragen wurde.

Der Kunde ist sehr zufrieden

Dies ist der Erfahrungsbericht eines frisch zertifizierten Seminarteilnehmers der GappBridging Academy aus Österreich:

„Ich habe zusammen mit einem Consultingunternehmen ein Seminarkonzept für einen großen Kunden unter Zuhilfenahme der BKM entwickelt. Größenordnung: 330 Teilnehmer bei 66 Schulungstagen.

Zielstellung: Entwicklung einer maßgeschneiderten Schulung unter Berücksichtigung der Vorgaben der Geschäftsleitung des Kunden. An der Ausarbeitung waren drei Teilnehmer des Kunden und drei Teilnehmer der Consulting Firma beteiligt sowie ich als Moderator der Sitzung.

Meine Idee war, zuerst einen Gesamtüberblick über die Inhalte zu schaffen, und dann optional für ausgewählte Themen ins Detail zu gehen. Für die Übersichtsmodellierung der Schulungsinhalte habe ich folgende Karten eingesetzt: Vorgaben der Geschäftsleitung (weiß), Nicht-Ziele bzw. Ziele (eine weiße Karte mit der Aufschrift Nicht-Ziele, wobei das Wort „Nicht“ für die Definition von Zielen zu streichen war), Erfahrungen (weiß; was läuft besonders gut, was läuft besonders schlecht, mit dem Ziel Gutes zu verfestigen und Schlechtes zu eliminieren), Thema (hellblau), Modul bzw. Sub-Modul (dunkelblau; nur die wichtigsten Module zu einem Thema), Mitarbeiter/Firma (hellgrün; wer kümmert sich um dieses Thema), Anderes (violett) haben wir z.B. für offene Fragen gebraucht.

Nach anfänglicher Skepsis der Teilnehmer ist totaler Schwung in die Runde gekommen und ich hatte alle Hände voll zu tun die Inputs der Teilnehmer zu kanalisieren.

Ich war hin und her gerissen zwischen einerseits laufen lassen und sammeln der vielen Inputs der Teilnehmer und andererseits koordiniert, formal korrekt, etc. vorzugehen.

Nachdem aber jeder seine Inputs selbst schreiben konnte, "sprudelten" die Inputs nur so heraus.

Ich habe also eher die Sache laufen gelassen und wir wurden mit einem überkompletten Übersichtsmodell "entlohnt".

Fazit: Innerhalb von 3 Stunden haben wir gemeinsam das komplette thematische Konzept mit den wichtigsten Themen und Modulen herausgearbeitet.

Wir konnten überprüfen ob die Vorgaben der Geschäftsleitung eingehalten wurden, haben alle wesentlichen Ziele und Nicht-Ziele definiert, haben Erfahrungen berücksichtigt und haben die Themen zur weiteren Detaillierung verteilt.

Für die Themen, für die ich zuständig bin, werde ich die Detail-modellierung wahrscheinlich einsetzen.

Insgesamt also eine sehr positive Erfahrung, für mich und auch für die Teilnehmer. In diesem Sinne nochmals vielen Dank."

Skeptischer High-Tech-Verfechter überzeugt

Schauplatz des Geschehens ist ein GappBridging-Seminar mit der BKM als zentralem Lerninhalt im Hilton Paris Orly Airport Hotel. Die Teilnehmer sind Führungskräfte eines internationalen Technologie-konzerns, die ständig darüber nachdenken, wie der Einsatz von Computern und ausgefeilter Software das Arbeitsleben erleichtern, beschleunigen und verbessern kann. Besonders ein Teilnehmer, hoch gebildet und tief überzeugt, dass ohne moderne IT nichts Wirksames zustande kommen könne, zeigte sich extrem skeptisch und wollte mit so etwas Simplem wie kleinen Papierkarten absolut nichts zu tun haben. Schließlich ließ er sich überreden, doch einfach mitzumachen, da er nun mal schon am Kurs teilnahm, der Kurs bezahlt war und er nichts anderes zu tun hatte.

An der Übung war der für die Haustechnik zuständige Mitarbeiter des Hotels beteiligt. Es ging dabei um den Prozess der Wartung des Schwimmbades, die zu seinen Aufgaben zählte. Dieser Mitarbeiter des Hotels war also der „lokale Prozessexperte“. Offensichtlich gab es einen enormen Unterschied bezüglich Bildung, Funktion und Status zwischen dem Skeptiker und seiner Übungsgruppe und dem Hotelmitarbeiter. Doch gerade das überzeugte den Skeptiker letztlich vollständig. Er war erstaunt wie leicht es war, einen Handwerker, der üblicherweise lieber und besser mit den Händen als mit dem Mund arbeitete, in eine Gruppe von akademisch hochgebildeten Menschen zu integrieren und davon enorm zu profitieren. Mit den Bildkarten wurden alle Barrieren rasch überwunden und es gab weder Scheu noch Verständigungsprobleme – obwohl nicht einmal die gleiche Muttersprache gegeben war. Am Ende der Übung stellte der skeptische Technikbefürworter begeistert fest: „Ich muss meine kritischen Worte zur Gänze zurücknehmen. Es war erstaunlich, wie rasch dieser Hotelmitarbeiter wie ein Teil von uns mit unserer Gruppe an seinem Arbeitsprozess arbeitete und wie rasch wir dadurch seine Tätigkeit im Detail verstehen konnten. So gut wie jetzt habe ich noch nie verstanden, wie man ein Schwimmbad wartet!“

Auch ein Prozess – die Betreuung von Behinderten

Die gute Betreuung von Behinderten und unterstützungsbedürftigen Senioren erfordert einerseits die kompetente Durchführung pflegerischer Tätigkeiten, andererseits die Berücksichtigung von emotionalen Bedürfnissen. Die nachfolgend geschilderte Einrichtung der Caritas betreut über 200 Menschen mit verschiedenen Formen geistiger Behinderung und wollte die Bedürfnisse der Betreuten in verbesserter Form abdecken. Mit einer Modellierung verschiedener Prozesse zur Betreuung dieser Klienten -

angefangen bei der Organisation von Fahrten zum Arzt bis hin zur Organisation von betreutem Wohnen und geschützten Arbeitsplätzen – sollte diese Verbesserungen unterstützen. Nach anfänglichen Zweifeln darüber, ob eine so individuell und emotional differenzierte Tätigkeit überhaupt mit einer nach kühlem Management klingenden Prozessoptimierung verbessert werden kann, waren die Beteiligten am Schluss der BKM-Anwendung beeindruckt. Es zeigte sich, dass nicht nur die Betreuung der Klienten deutlich von der Anwendung der Bildkartenmethode profitieren kann, auch das Verständnis und die Wertschätzung der Prozessbeteiligten für die Arbeit und Leistung der Mitarbeiter steigt durch die Darstellung der geleisteten Arbeit mit der BKM. Ein angenehmer Nebeneffekt der Methode, weil die BKM transparent macht, was alles geleistet wird und wer es tut.

Die BKM als Empfehlung für ein Consulting-Unternehmen

Das Folgende sagte der Kunde von zertifizierten BKM-Beratern in der Schweiz:

„Die Methodik und die Philosophie der GappBridging-Bildkarten-Methode wurde uns durch unsere Consulting-Firma vermittelt. Es ist ein faszinierendes Instrument, wird schnell begriffen und ist eine echte Hilfe für die Darstellung von Prozessen.

Unsere Berater haben sich sehr gut vorbereitet. Mit viel Kompetenz und Einfühlungsvermögen wurden die einzelnen Schritte erarbeitet. Sie gingen wertschätzend auf unsere Situation ein; wir fühlten uns getragen und wohl.

Das Resultat lässt sich sehen. Viele Einzelheiten wurden zum ersten Mal bildlich dargestellt und thematisiert. Daraus konnten mehrere Friktionspunkte erkannt und korrigiert werden. Für uns ein absolutes Glückslos.

Wir sind überzeugt, dass sich diese Methode im Markt durchsetzen wird. Viele Unternehmen haben damit ein Instrument zur Hand, welches hilft, ihre Prozesse zu analysieren und daraus gewinnbringende Schlüsse zu ziehen."

Die Socken sind schuld

In einer Familie gab es jeden Morgen Probleme, weil eins der Kinder in höchster Eile und ohne Frühstück zum Schulbus hetzen musste. Wie vom Vater erklärt hat der junge Sohn den Ablauf vom morgendlichen Aufstehen bis zum Verlassen des Hauses mit der BKM modelliert. Der Sohn entdeckte dabei, dass das erfolgskritische Glied bei seinem Vorgehen das Anziehen der Socken war. Der junge Mann schleuderte jeden Abend seine Socken achtlos ins Zimmer. Am nächsten Morgen suchte er dann in seinem Socken-Chaos panisch zwei gleiche.

Diese mit der BKM gewonnene Einsicht erleichterte ihm ab sofort nicht nur das Finden zusammenpassender Socken jeden Morgen, sondern auch die Einnahme eines sättigenden Frühstück vor der Busfahrt zur Schule. Da der Junge das Problem selbst herausarbeitete, war er auch bereit, die nötige Abhilfe zu schaffen. Selber beschriftete Bildkarten hatten ihn zur Lösung seines Problems geführt. Dank der BKM musste er nicht von seinen Eltern belehrt oder von ihnen davon überzeugt werden, was er zu tun habe. Sogar Kinder können eine Lösung leicht akzeptieren und umsetzen, wenn die Idee von ihnen selber kommt!

Ein paar Minuten Arbeit mit den Bildkarten, und ein Dauerproblem hat sich „wie von selber" gelöst. Kein Eltern-gegen-Kinder, kein Nörgeln oder Kritisieren, keine heftigen Emotionen. Nur BKM-Karten, eine kurze Erklärung und ein wenig Zeit.

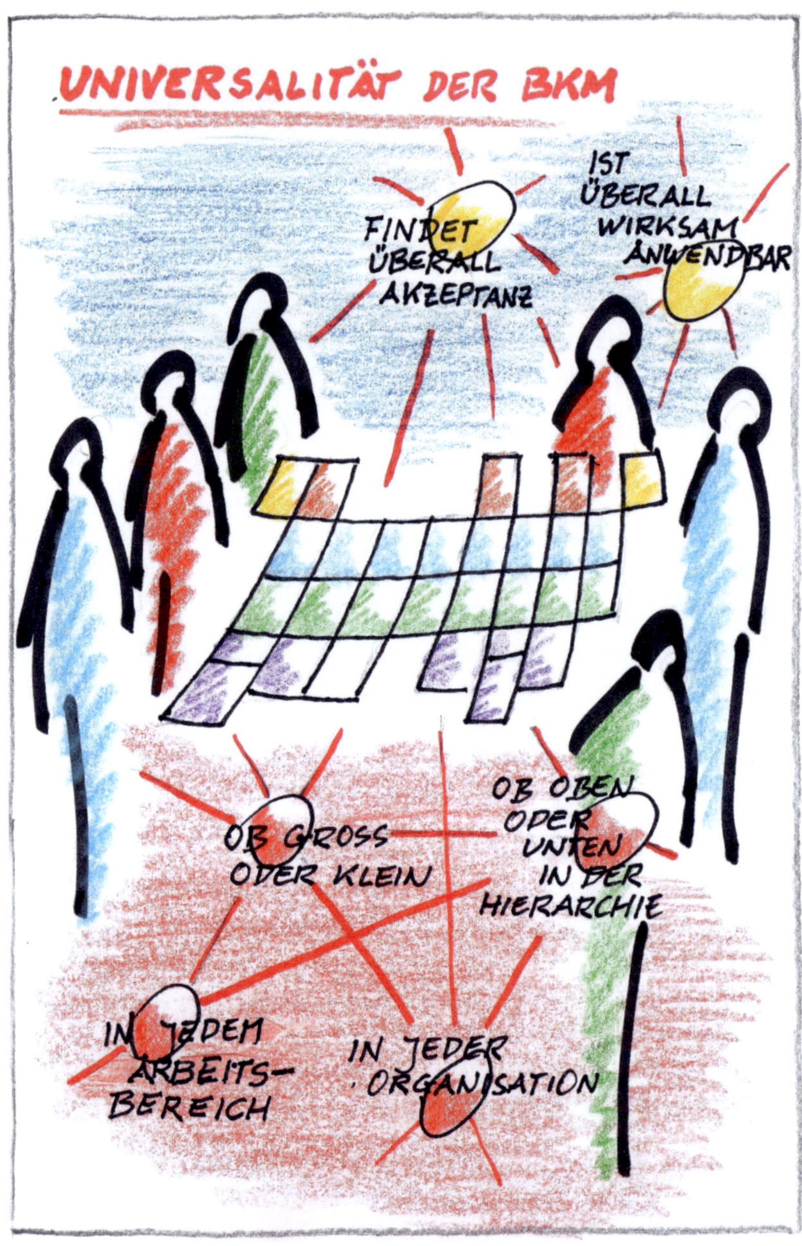
UNIVERSALITÄT DER BKM
FINDET ÜBERALL AKZEPTANZ
IST ÜBERALL WIRKSAM ANWENDBAR
OB GROSS ODER KLEIN
OB OBEN ODER UNTEN IN DER HIERARCHIE
IN JEDEM ARBEITS-BEREICH
IN JEDER ORGANISATION

Universalität der BKM

Wie durch die Beispiele gezeigt wurde, lassen sich nicht nur Geschäftsprozesse aus Produktion, Verkauf und Verwaltung mit der BKM wirksam bearbeiten, sondern jeder Prozess egal welcher Art. Deshalb ist die BKM nicht nur für große Unternehmen, sondern auch für KMU, Handwerksbetriebe und Not-For-Profit-Organisationen nützlich. Ja, sogar im familiären Bereich, Vereinsleben etc. kann sie erfolgreich eingesetzt werden.

Die BKM kann hochtechnische Prozesse optimal darstellen, wie etwa die sehr komplexen Revisionen in der Großchemie oder Produktionsabläufe im Maschinenbau, wozu auch Montage vor Ort gehört. In der Baubranche kann man mit der BKM die Planung der Organisation des Gesamtbaues mit seinen zahlreichen Abläufen erarbeiten. Man kann aber auch die Planung der Arbeiten eines einzelnen Bauunternehmens oder Handwerkers sehr effizient mit allen Teilprozessen und den dafür nötigen Bauteilen, Materialien und Werkzeugen optimal planen.

Im Dienstleistungsbereich ist eine sorgfältige Prozessführung für die Zufriedenheit der Kunden erfolgskritisch. Mit Hilfe der BKM kann man Qualität steigern und Wartezeiten eliminieren. Ob es sich darum handelt, in einer Arztpraxis die Arbeiten so ineinander zu verzahnen, dass Leerläufe vermieden und Wartezeiten für Patienten reduziert werden, oder ob es darum geht, Verwaltungsprozesse möglichst rasch abzuarbeiten, überall stellt die BKM ein wertvolles Hilfsmittel zur Prozessoptimierung dar.

Im sozialen Bereich, etwa beim Coachen von Paaren und Familien, lässt sich die BKM ebenfalls mit Erfolg einsetzen. Die Tagesabläufe in einer Familie und Beziehungen zwischen den Familienmitgliedern werden häufig nicht als Prozess empfunden, lassen sich aber wunderbar mit der BKM bearbeiten.

Es gibt keinen Lebensbereich, ob persönlich oder mit mehreren Menschen zusammen, der nicht durch die BKM abgebildet und verbessert werden könnte. Das und der geringe Aufwand, der dazu nötig ist, machen die BKM zu einem effizienten Werkzeug, das Prozesse optimiert und dabei das Wohlbefinden der Prozessbeteiligten erheblich steigert. Wenn ein Prozess gut läuft, dann fühlen sich alle Beteiligten wohl, sind motiviert, ihre Aufgaben optimal zu erfüllen und werden in der Folge zunehmend angenommen und respektiert. Das ist ein sich selbst verstärkender Kreislauf, der zu Fortschritt führt!

Wie man die BKM optimal nutzt

Auf den ersten Blick erscheinen die grundlegenden Merkmale der BKM fast simpel und spielerisch; ja, es sind gerade die gewisse Einfachheit und „Leichtigkeit" der grundlegenden BKM-Anwendung, die ihren durchschlagenden Erfolg bewirken. Aussagen wie „Mit der BKM erlebte ich mein bisher erfreulichstes und erfolgreichstes Prozessoptimierungsprojekt." zu hören, ist nicht ungewöhnlich.

Um die Möglichkeiten der BKM nachhaltig wirksam und so erfolgreich wie möglich zu nutzen, ist es ratsam, die Bildkartenmethode solide kennen und anwenden zu lernen. Das schließt die Verwendung des richtigen BKM-Moduls für den jeweiligen Anwendungszweck ein. So ist davon abzuraten, die Methode nur auf der Grundlage dieses Buches auf wesentliche Geschäftsprozesse selbst anzuwenden.

Wer Interesse an der BKM hat, tut gut daran, sich in der professionellen BKM-Anwendung ausbilden zu lassen. Dafür gibt es viele Möglichkeiten, und zwar sowohl maßgeschneiderte In-House-Trainings als auch öffentliche Ausbildungs- und Zertifizierungsprogramme (GappBridging Academy). Zudem gibt es die Möglichkeit, zertifizierte, erfahrene BKM-Moderatoren in Projekten zur Prozessoptimierung einzusetzen.

Vorteile eines externen Moderators

Für einem externen Moderator ist es leichter, eine neutrale Position, wie sie für den Einsatz der BKM nützlich ist, einzunehmen als für einen firmeninternen. Ein Moderator unterstützt die Entwicklung eines Prozessmodells mittels Bildkarten, ohne selber auf den Inhalt bestimmend Einfluss zu nehmen. Einem Unbeteiligten fällt das wesentlich leichter als jemandem, der selbst am Prozess beteiligt ist oder Loyalitäten in der Firma hat.

Ein externer Moderator wird gewöhnlich auch von den lokalen Prozessexperten, die das Prozessmodell erarbeiten, neutraler gesehen. Moderiert eine interne Führungskraft das Modellieren und Analysieren eines Prozesses, dann besteht die Gefahr, dass sich einzelne Beteiligte zurückhalten – vor allem, wenn sie einer niedrigen Hierarchieebene im Unternehmen angehören oder negative Erfahrungen mit dem Moderator gemacht haben. Das könnte dazu führen, dass nicht alle relevanten Informationen auf den Tisch kommen, was aber für ein hilfreiches Prozessmodell erforderlich sein würde.

Ein weiterer Vorteil externer Moderatoren ist, dass sie als ausgebildete und zertifizierte BKM-Spezialisten die notwendige Erfahrung mit dem wirksamen Moderieren von Prozessoptimierung mit der BKM haben. Ein interner Moderator muss sich hingegen gewöhnlich die nötigen Fertigkeiten erst aneignen, was bei den vielfältigen Anforderungen des Tagesgeschäfts sehr schwierig ist. Und dann muss ein neu ausgebildeter Moderator auch erst einmal Erfahrungen sammeln, bis er mit den verschiedenen Situationen und Modulen richtig umzugehen und die Methode optimal einzusetzen weiß.

Vorteile eines internen Moderators

Firmen, die ihre eigenen Moderatoren ausbilden lassen, haben den Vorteil, dass diese stets vor Ort sind und sie damit jederzeit Zugang zu BKM-Unterstützung haben. Auch kleinere BKM-Aufgaben, wie zum Beispiel das Informieren von neuen Kollegen über einen Prozess oder die Überprüfung, ob ein modellierter Prozess nach längerer Zeit noch immer dem aktuell praktizierten Prozess entspricht, kann jederzeit von einem ausgebildeten internen Moderator geleitet werden.

Ausgebildete und zertifizierte Moderatoren kennen die BKM mit der Zeit so gut, dass sie fast grenzenlos viele hilfreiche Anwendungsmöglichkeiten zum Vorteil ihres Arbeitsumfelds erkennen können, und damit das Finden von Lösungen effizient unterstützen können.

Der zertifizierte Moderator

Zwar sind die Grundlagen der Bildkartenmethode leicht zu verstehen, doch beherrscht man die BKM damit noch nicht im Detail. Ihr volles Potential kann die Methode nur dann entfalten, wenn man die Einzelheiten kennt und beachtet, die sich bei der BKM als erfolgskritisch herausgestellt haben. Um diese Details zu verstehen und zu beherrschen, ist ein praktisches Erlernen der BKM erforderlich. Man braucht die praktische Übung in der Gruppe, angeleitet von einem erfahrenen und als Trainer zertifizierten BKM-Experten, um das richtige Gefühl und Know-how für die Methode zu entwickeln.

Im Rahmen der GappBridging Academy werden grundlegende Zertifizierungstrainings von insgesamt fünf Tagen Dauer angeboten, normalerweise in drei Modulen. Dort erarbeiten die Teilnehmer in einer Gruppe von maximal 16 Personen die Anwendung der BKM. Weil die Teilnehmer dieser Akademien zu Lernzwecken abwechselnd als Teilnehmer und als Moderatoren fungieren, erhalten sie nicht nur methodisches Wissen, sondern auch ein Gefühl für die Wirksamkeit bestimmter Vorgehensweisen. Auch beim Moderationstraining im Rahmen der GappBridging Academy erleben die Teilnehmer, wie sehr das Zusammenwirken von Sehen, Hören, Schreiben, Verschieben der Karten etc. die Kreativität stimuliert, das zielgerichtete Zusammenarbeiten fördert und das Prozessverständnis bei allen Teilnehmern vertieft.

Eine Pause von mehreren Wochen zwischen den beiden zweitägigen Academy-Modulen ermöglicht den Teilnehmern, das Gelernte in ihrem eigenen Umfeld anzuwenden und zu üben. Die so gemachten Erfahrungen werden im zweiten Modul ausgetauscht und entstandene Fragen und Unsicherheiten bearbeitet.

Nach vier Trainingstagen gibt es einige Monate später den fünften GappBridging Academy-Tag, den Zertifizierungstag, an dem die Seminarteilnehmer zeigen können, dass sie die BKM begriffen haben und erfolgreich anwenden können. Mit dem Zertifizierungsvorgang, bei dem alle trainierten BKM-Module an einem Geschäftsprozess in der logisch richtigen Reihenfolge angewendet werden, ist gleichzeitig auch eine weitere Vertiefung des Methodenverständnisses und eine Verfeinerung der Fähigkeiten als Moderator verbunden.

Wer die Methode in ihrer ganzen Breite, Wirksamkeit und Effizienz nutzen lernen möchte, kann das am besten erreichen, indem er an GappBridging-Trainings- und Zertifizierungsveranstaltungen teilnimmt. Informationen dazu können bei GappBridging in Erfahrung gebracht werden (www.gappbridging.com bzw. info@gappbridging.com).

Geschichte der BKM

Computerunterstützung mit Hilfe lokaler Netze (z.B. LAN-basierte Workflow Software) schuf vor rund 20 Jahren völlig neue Möglichkeiten der Prozessoptimierung. Erst allmählich wurde klar, dass Geschäftsprozesse komplexe „Mensch-Aufgabe-Technik-Systeme“ sind. Demzufolge endeten viele Projekte zur Prozessoptimierung erfolglos.

Etwa zu dieser Zeit, 1988, wurde uns im Softwareprojekt eines Technologiekonzerns klar, dass fehlendes Prozessverständnis eine Hauptursache für den eingeschränkten Projekterfolg war. So entschlossen wir uns, Geschäftsprozesse verschiedener Branchen mit den damals verfügbaren Methoden zu untersuchen. Das half uns, Prozesse besser zu verstehen. Wir stellten auch fest, dass ein Mangel an geeigneten Methoden zur Beschreibung und Optimierung von Prozessen zum Projektversagen beitrug. So machten wir uns 1991 auf die Suche nach wirksamen Methoden. Der grosse Bedarf führte zum Wunsch, selbst geeignete Methoden zu entwickeln.

Ende 1996, anlässlich einer Konferenz zum Thema Partizipative Entwurfsarbeit (Participatory Design Conference PDC `96) in Boston, USA, der Heimat von Harvard und MIT, kam während eines Vortrags über Arbeitsstudien im indischen Gesundheitswesen folgender zündende Gedanke: Es gab wichtige Ähnlichkeiten zwischen den Herausforderungen dieses indischen Projekts und denen im Bereich Prozessoptimierung. In Indien versuchte ein Forscherteam auf Karten mit Erklärungen in Wort und Bild Sprachbarrieren zu überbrücken; bei der Prozessoptimierung geht es auch um das Überwinden von Fachsprachen- und Wissensbarrieren. Im indischen Projekt wurden einzelne Wissenselemente zur untersuchten Arbeit auf einzelnen Karten abgebildet; bei der Prozessoptimierung bemühen wir uns um Erhebung und Abbildung vieler unterschiedlicher, unter mehreren Mitarbeitenden verteilter Prozesselemente, die modular (Wissenselement für Wissenselement) zusammengefügt werden müssen. Und was diesen Gedanken besonders begeisternd machte: Geschäftsprozesse bestehen aus klar definierbaren und systematisch anordenbaren Prozesselementen wie z.B. Tätigkeiten, Mitarbeitenden, Ressourcen und Ereignissen. All das kam einer modularen, kärtchenbasierten und einer klaren Systematik folgenden Methode zur Prozessoptimierung entgegen.

Alle Voraussetzungen für die Entwicklung einer wirksamen Methode zur Prozessoptimierung waren gegeben.

Nur wenige Monate später war die (schon bald so genannte) Bildkartenmethode (BKM) in ihrer ersten Entwicklungsform Hauptteil einer Studie eines Softwareprodukts zur Prozessunterstützung. Im Sommer 1997 war sie Inhalt eines Hauptvortrags auf einer internationalen Expertenkonferenz, während sie sich weiterhin auf eindrückliche Weise regional und international bei der Prozessoptimierung bewährte. Dazu trug auch die gute Zusammenarbeit mit innovationsfreudigen Unternehmen wie Unisys Österreich spürbar bei. Diese Kooperation führte 1998 zu einem Ausbildungs- und Zertifizierungsprogramm zum Thema „Ganzheitliches Geschäftsprozessmanagement“, mit der BKM als Kerninhalt. (Die „Tochterversion“ dieses Zertifizierungsprogramms wird seit 1999 international angeboten und lehrt seit 2003 fast ausschliesslich ganzheitliche BKM-Anwendung, so umfassend und wirksam ist diese sehr einfache Methode mittlerweile geworden.)

Ende 1998 wurde die mittlerweile praxisbewährte und in Universitäts-Lehrveranstaltungen gelehrte Methode auf der gleichen Konferenz vorgestellt (diesmal in New York City), in der nur zwei Jahre davor die zündende Idee dazu gekommen war. Der PDC ´98-Workshop zum Thema BKM wurde vom Konferenzvorsitzenden zum erfolgreichsten Konferenzworkshop erklärt.

In der Zwischenzeit hat sich die Methode international verbreitet und stark weiterentwickelt. Seit 2003 gibt es auch BKM-Module für Planung, Projektmanagement, Wissensmanagement und Coaching; der BKM-Einsatz umfasst mittlerweile Organisationen jeder Art und Größe, vom Weltkonzern bis zur Grundeinheit unserer Gesellschaft, der Familie. So werden BKM-Coachingmodule eingesetzt, wie die „Erfolgslandkarte“ und „Kommunikationsentwicklung“. Was Ende 1996 begonnen hat, ermöglicht einfach wirksame Unterstützung in jedem Bereich von Arbeit und Freizeit; denn manchmal scheint einfach (fast) alles wie ein Prozess zu sein, komplex, aus mehreren Beitragsteilen bestehend, die auf mehrere Personen verteilt sind: ideal für die BKM, nicht nur im Bereich Geschäftsprozessoptimierung, der mittlerweile vollständig von maßgeschneiderten, einfach wirksamen BKM-Modulen unterstützt wird.

Nachbetrachtung: Visuelle Reflexion – ein Dialogprozess in Bildern

„Grundlegender Wandel ist notwendig", in Unternehmen, Organisationen und Gesellschaft. Das lesen wir heute täglich in den Schlagzeilen. Markus Gappmaier, der BKM-Entwickler, und ich sprachen darüber, als wir uns vor Jahren in einem Workshop für die Europäische Kommission kennenlernten. Wenig später zeigte jeder von uns Projekt-Beispiele zu diesem Thema auf einer Konferenz an der Universität Linz. Herr Dr. Gappmaier hatte mich in seiner Funktion als Konferenzvorsitzender dorthin eingeladen. Ich stellte meine Erfahrungen vor, wie ich Veränderungsprozesse in Unternehmen, Organisationen und Regierungen mit traditionellen bildnerischen Mitteln und computergestützten künstlerischen Medien führe. Heute, über 10 Jahre später, ist Gelegenheit Bilanz zu ziehen und zu fragen: Was erscheint uns heute als zentrale Stellschraube für Veränderung und Optimierung? Auf unterschiedlichen Wegen in Forschung und Projekten haben wir immer wieder erlebt, dass verbaler Diskurs, spezialisierte Bereichssicht und die Betrachtung sequentiell hintereinander gereihter Ausschnitte aus Strukturen nicht für Optimierung und Veränderung ausreichen. Der weit verbreitete Wunschtraum nach einfachen Elementen, die isoliert voneinander leicht betrachtet werden können, ist in der Komplexität aktueller globaler Systeme ausgeträumt - vor allem, wenn anstelle traditioneller berechenbarer Management-Strukturen zunehmend chaotisch geprägte Prozesse in den Vordergrund treten. Wie gehen wir mit dieser Herausforderung um? Was ist heute das Gemeinsame, das die Erfahrung von Markus und Caroline Gappmaier mit der meinen verbindet?

Wir schaffen Überblicke und machen Zusammenhänge sichtbar. Wir führen mit Beteiligten und Betroffenen einen ehrlichen Dialog darüber. Mit holistischem Verständnis bauen wir ein breit angelegtes Netzwerk, in dem unterschiedliche Wissenselemente, Erfahrungen und Sichtweisen bildlich miteinander verknüpft sind. Wir versuchen dabei nicht die Komplexität zu reduzieren, indem wir einzelne Elemente isoliert herauslösen. Auch wenn es die menschliche Wahrnehmung nur zulässt, wenige Punkte genauer zu betrachten, so halten wir doch den gesamten Kontext präsent. In ihm lassen wir die verschiedenen Aspekte sichtbar eingebettet. Es entsteht eine visuelle Arbeitsoberfläche, auf der ein intensiver gemeinsamer Dialog und eine starke Zusammenarbeit gelingen, die verschiedene Fachsprachen, Hierarchieebenen und Kulturen, sowie unterschiedliche Interessen wohlwollend verknüpfen.

Es ist kaum möglich einen solchen Prozess, der vom visuellen Erlebnis lebt, verbal in einem Buch zu beschreiben. Das hat die Autoren dazu veranlasst zu überlegen, wie die visuelle Dialog-Qualität der BKM in diesem Buch dargestellt werden könnte. Gemeinsam möchten wir dies beispielhaft in Zeichnungen sichtbar machen: Wir wollen, wie im BKM-Prozess, so auch in diesem Buch bezogen auf ein Beispiel immer wieder innehalten, fokussieren und visuell auf den Punkt bringen, was uns gerade wichtig ist, wo wir stehen, und was unser wirkliches Anliegen bedeutet. Das versuchen wir auch am Anfang einiger Kapitel mit einem Bild. Dieses ist jeweils nicht als Illustration entstanden. Ich habe es im Dialog mit den Autoren gezeichnet.

Zu ausgewählten Themenabschnitten zeigt ein Blatt das Gespräch über wesentliche Inhalte des Buches. Nach mehreren Etappen, als Ergebnis eines visuellen Dialogs, reflektiert dieses Bild wesentliche Botschaften des Buches. Dabei stellt jeder Strich, jede Form beim Zeichnen neue Fragen, die in einer ersten verbalen Aussage oft noch nicht eindeutig beantwortet sind. Z. B.: Was ist das Wesentliche, das wir oben, „on top", sehen? Was formt die Grundlage der Aussage und kann deshalb als Basis unten gezeichnet werden? Welche Verbindungen von Inhaltselementen sind wichtiger als andere und müssen deshalb dicker dargestellt sein? Weitere Fragen folgen. So verändert sich das Bild beim Zeichnen Schritt für Schritt, bis unsere Gesprächspartner sagen: „Ja genauso meine ich es! Jetzt haben wir es getroffen!" Es ist gelungen.

Dies entspricht der Intensität und Intention des visuellen Dialogs, der auch in der BKM abläuft. Zwar müssen die Teilnehmer hier nicht selbst

zeichnen, und doch arbeiten sie, ähnlich - wie in unseren Zeichnungs-Beispielen - umfassend und durchgängig visuell zusammen. Statt der Formen der Zeichnung haben wir in der BKM Bildkarten mit verschiedenen Farben, mit Kartenbezeichnungen, nach Bedarf Icons und die Möglichkeit, die Karten an unterschiedlichen Positionen auf dem Tisch anzuordnen. So wird eine Ordnung sichtbar, nach der sich alle Details visuell zu einem sinnvollen Ganzen zusammenfügen. Neues Prozessbewusstsein ist entstanden.

Weitere Ergebnisse meines visuellen Dialogs mit den Autoren werden nachfolgend exemplarisch abgebildet.

Das nebenstehende Bild zeigt, was mich besonders angesprochen hat. Herr Dr. Gappmaier beschreibt es so:

„In der BKM gibt es eine wertschöpfende Phase, das Entwickeln und Weiterentwickeln, und eine ermöglichende Phase, das Nummerieren, Stapeln und Wiederauflegen der Karten.“ Das macht die Methode in der Praxis einfach anwendbar. Für mich ist das wie ein Kreislauf, der in einer durchgängigen Systematik kontinuierlich weitergeführt werden kann.

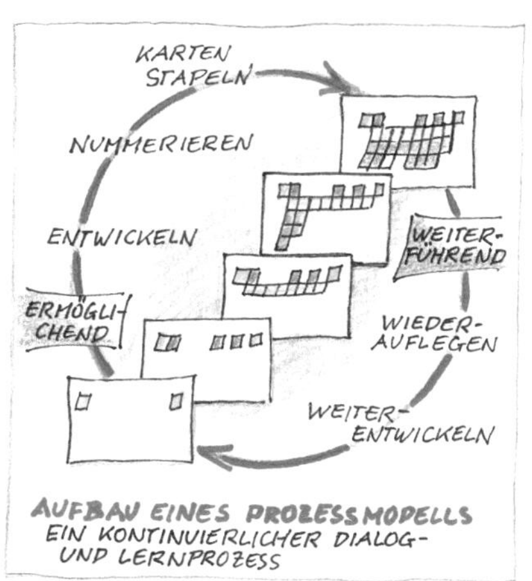

Caroline Gappmaier bringt es überzeugend auf den Punkt: „Der Ablauf beim Entwickeln ist exakt gleich, wie beim Wiederauflegen der BKM-Karten. Das Stapeln der Karten folgt der Logik des Modellierens, nicht nur im Sinne einer Erinnerung, sondern auch für die Weiterarbeit auf dem nächst höheren Niveau." Klare, einfache Systematik macht die BKM dabei zu einem Kooperations- und Optimierungswerkzeug.

Ein weiteres Bild aus unserem Dialog ist uns wichtig (siehe unten). Es macht die Einfachheit und Klarheit der BKM-Entwicklungsschritte deutlich. Die visuelle Prozess-Struktur wird für alle Beteiligten in jeder Phase der Ist-Modellierung sofort sichtbar.

Schritt für Schritt baut sich ein klares einfaches Muster vor unseren Augen auf. Alle Details fügen sich übersichtlich in einen Gesamtkontext ein.

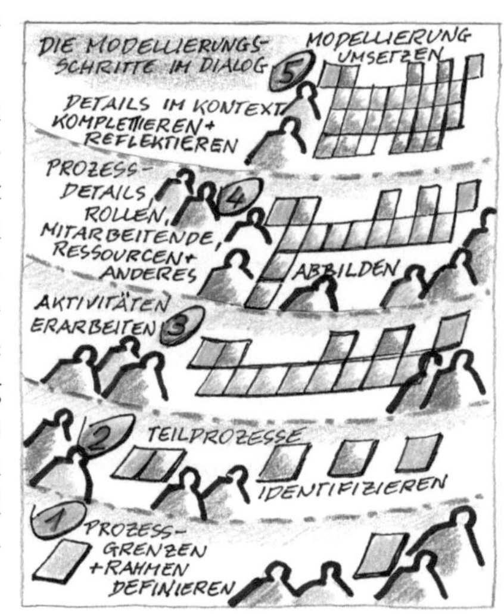

Dr. Gappmaier erklärt wodurch dies möglich ist, und welches Zukunfts-Potential dadurch eröffnet wird: „Jede Karte hat einen eindeutig zugewiesenen Platz. Dieser kann auf Dauer beibehalten, oder auch (durch neue Nummerierung) jederzeit eindeutig geändert werden. Damit ist das entwickelte Modell auch nach Monaten wieder einfach und exakt reproduzierbar und weiterbearbeitbar."

Eine komplette und korrekte Prozessabbildung führt so zu einer sichtbaren Optimierungsgrundlage, auf der Verbesserung wie Erneuerung immer wieder durch gemeinschaftliche Zusammenarbeit unterschiedlicher Kulturen, Fachsprachen, Hierarchieebenen und Sichtweisen mit großer Wirksamkeit, zielstrebig und kontinuierlich gelingen kann.

Hans-Jürgen Frank, Dialogarchitekt®

Alles Prozess!!

Überall dort, wo etwas gemacht wird oder abläuft, finden wir Prozesse. Abläufe also, die aus mehreren Schritten bestehen und oft komplex sind und von mehreren Personen abgearbeitet werden. Solche Abläufe finden wir nicht nur in Unternehmen und vergleichbaren Organisationen. Die folgende Aufstellung zeigt, wie allgegenwärtig Prozesse – auch solche, die nichts mit bezahlter Wertschöpfung zu tun haben – in unserem Leben sind. Alle diese und unzählige andere Prozesse können mit Hilfe der Bildkartenmethode dargestellt und reflektiert, verstanden und kommuniziert, und – wenn nötig – verbessert werden. Sie können mit der BKM rasch und einfach eine „runde" Sache werden!

Abbauprozess
Abbruchprozess
Abklärungsprozess
Abstimmungsprozess
Abwägungsprozess
Abwehrprozess
Abwicklungsprozess
Alterungsprozess
Analyseprozess
Annäherungsprozess
Anpassungsprozess
Anstellungsprozess
Argumentationsprozess
Atmungsprozess
Aufbauprozess
Aufnahmeprozess
Ausbildungsprozess
Auswahlprozess
Bauprozess
Befriedungsprozess
Bekehrungsprozess
Belastungsprozess
Beratungsprozess
Beschaffungsprozess
Beschleunigungsprozess
Betreuungsprozess
Bewertungsprozess
Blutstillungsprozess
Bremsprozess
Darstellungsprozess
Denkprozess
Designprozess
Disziplinierungsprozess
Dokumentationsprozess
Downloadprozess
Einbürgerungsprozess
Eingewöhnungsprozess
Einigungsprozess
Einstellungsprozess
Entfaltungsprozess
Entflechtungsprozess
Entfremdungsprozess
Entlastungsprozess
Entleerungsprozess
Entscheidungsprozess
Entspannungsprozess

Entstehungsprozess
Entwicklungsprozess
Entwurfsprozess
Entzündungsprozess
Erfassungsprozess
Erfüllungsprozess
Erholungsprozess
Erkenntnisprozess
Erklärungsprozess
Ermittlungsprozess
Ernährungsprozess
Errichtungsprozess
Erziehungsprozess
Extraktionsprozess
Färbeprozess
Fermentationsprozess
Förderprozess
Friedensprozess
Füllprozess
Fütterungsprozess
Gärungsprozess
Geburtsprozess
Genesungsprozess
Gestaltungsprozess
Härtungsprozess
Heilungsprozess
Hörprozess
Informationsprozess
Installationsprozess
Integrationsprozess
Isolationsprozess
Kaufprozess
Kennenlernprozess
Klärungsprozess
Kommunikationsprozess
Kontrollprozess
Kooperationsprozess
Koordinationsprozess
Korrekturprozess
Korrosionsprozess
Kristallisationsprozess
Lehrprozess
Lernprozess
Mahlprozess
Malprozess
Meinungsbildungsprozess
Montageprozess
Öffnungsprozess
Prüfprozess
Publikationsprozess
Qualifizierungsprozess
Rechenprozess
Reduktionsprozess
Reformprozess
Regenerationsprozess
Reifungsprozess
Reinigungsprozess
Rekrutierungsprozess
Rückbildungsprozess
Sammelprozess
Schneidprozess
Schreibprozess
Sehprozess
Sortierprozess
Sozialisierungsprozess
Spaltprozess
Stabilisierungsprozess
Stärkungsprozess
Steigerungsprozess
Steuerungsprozess
Teilungsprozess
Trennprozess
Überarbeitungsprozess
Überbrückungsprozess

Übernahmeprozess
Überschreibungsprozess
Überzeugungsprozess
Umkehrprozess
Umschulungsprozess
Umstellungsprozess
Umwandlungsprozess
Veränderungsprozess
Verdauungsprozess
Verfeinerungsprozess
Vermittlungsprozess
Veröffentlichungsprozess
Verschmelzungsprozess
Verschönerungsprozess
Verständigungsprozess
Vertrauensbildungsprozess
Vorbereitungsprozess
Wachstumsprozess
Wahlprozess
Wahrnehmungsprozess
Waschprozess
Weiterbildungsprozess
Wissensprozess
Zählprozess
Zertifizierungsprozess
Zivilprozess
Zubereitungsprozess
Zustimmungsprozess